JN021899

計算する生命

森田真生
Morita Masao

新潮社

はじめに

指を使ってたし算をする。紙と鉛筆を使って筆算（ひっさん）をする。数式を操りながら微積分をする。あるいはコンピュータを使って物理現象をシミュレートする。これらはどれも、「計算」と呼ばれる手続きの例だ。筆算と、物理現象のシミュレーションでは、かなり異なるように見えるかもしれないが、どちらも「あらかじめ決められた規則にしたがって、記号を操作している」という意味で、同じ「計算」なのである。

「計算可能性（computability）」の概念を体現する仮想的な機械として、一九三六年に数学者アラン・チューリングは、「チューリング機械」を考案した（チューリングの思想と生涯については、前著『数学する身体』で詳しく描いた）。そもそも「計算可能」という一つの概念のもとに、驚くほど多様な手続きをまとめ上げられるという洞察自体が、この時代の大きな発見だった。実際、計算の秘めるとてつもない可能性は、その後、チューリング機械がコンピュータとして実装されたことで、誰の目にも明らかになっていく。現代のコンピュータは、数や数式の操作だけでなく、将棋の一手を考え、データに潜む思わぬパターンを見つけ出し、さらには、不確実な環境下でロボットの行為を生成することすらできる。あらかじめ決められた規則で記号を操るだけの機械が、なぜか人間の知能に迫り、ときにそれを圧倒していくのだ。

いまではこうした高度な人工知能の技術が、生活の隅々に浸透している。だが、計算が日常に深く染み込み、依存する度合いが高くなればなるほど、逆説的にも、計算は透明化し、意識されることがなくなっていく。筆算をしているときには当たり前に感じていた、計算しているという手応えが、たとえばスマートフォンをいじっているときには、ほとんど感じられなくなる。

指を折って数えるところから、知的にデータを処理する機械が遍在する時代まで——ここにはとてつもない距離がある。だが、この距離は、人間が「計算」という営みに生命を吹き込み続けてきた、歴史の水脈で連綿とつながっている。

本書ではこの歴史を、あらためてたどり直していく。そうしながら、決して純粋で透明なだけではない計算という営みの手応えを、少しずつ取り戻していきたい。加速する計算の時代の、その速度をあえて少しゆるめてみるのだ。計算が人間とともに変容してきた歩みに合わせて思考する時間を、ぜひ楽しんでいただけたらと思う。

計算する生命　目次

本書は、月刊誌『新潮』２０１７年２月号から２０１８年12月号の間の不定期連載６回分と季刊誌『考える人』２０１５年春号「数学の言葉」内の「風景　ヨーロッパ数学紀行」の原稿の一部を、大幅に加筆修正したものである。

図版　モグ（図６から図10、図14から16）
From *How Writing Came* About by Denise Schmandt-Besserat, Copyright © 1992, 1996. Courtesy of the author and the University of Texas Press.
（図１と図２）

写真　菅野健児（新潮社写真部）

計算する生命

第一章

「わかる」と「操る」

われわれは、不可解の訪問である。[1]

——荒川修作＋マドリン・ギンズ

我が家にはいま、五歳と一歳の息子がいる。長男は少しずつ数を扱えるようになってきているが、次男はまだ数を知らない。

長男が初めて「4」を指で表せるようになった日は、いまでも鮮明に記憶している。当時レゴに夢中だった彼と一緒に、新しいパーツを買いに出かけたのだった。新しく買ったセットに、黒いタイヤのパーツがあって、我が家にあるレゴのタイヤはこの日、全部で四つになった。

帰り道に私は、「これでタイヤは全部でいくつになった?」と息子に聞いた。すると彼は、じっと左手を見て、おもむろに右手の人差し指で左手の指先を一つずつ触り、しばらくしたあと、こちらを見上げて、「これ!」と言いながら、左手の親指だけ綺麗に折り曲げ、残り四本の指をまっすぐ開いてみせたのである。何気ない、ささいなことだが、この出来事が、私の記憶に深く刻まれた。

「いち、に、さん、し、ご、ろく、なな、はち、きゅう、じゅう!」と、一緒に風呂で数えるようになったのは、彼がまだ一歳半の頃だった。そこから、数を自在に扱えるようになるまで、意外なほど長い道のりがある。

たとえばリンゴの山があるとする。そのリンゴを一つずつ漏れなく指差しながら、「いち、に、さん、し、ご、ろく、なな」と数えていくと、最後に唱えた「なな」が、リンゴ全体の個数を表す。わかってしまえば簡単なこの原理に、心理学者は「基数原理(cardinality principle)」という名前をつけている。[2] 仰々しい名前だが、この「原理」の体得は、子どもにとって決して簡単ではない。

アメリカの子どもを対象に行われたある研究によれば、子どもが数を順番に数えられるようになり、数詞が物の数を表すと理解したあと、そこから基数原理を正しく把握し、自分が唱える数詞の意味を一つずつわかるようになるまで、平均して優に一年以上もかかったそうだ。[3]

そもそもヒトが、数を正確に扱う能力を生得的に持ち合わせていないことについては、前著『数学する身体』にも書いた通りである。私たちは、生まれついた認知メカニズムだけによっては、7と8の区別すらおぼつかないのだ。

生得的な数の認知が、どのようなプロセスを経て「7」や「8」を区別できるまで洗練されていくのか。その詳細についてはいまだにわからないことが多い。ただ、多くの人にとってこの過程で「指」が大きな役割を果たす。

手の指は、いつ見ても同じ本数だけある。しかも、いつも同じ順番に並んでいる。本数と順番が安定しているおかげで、数えるにも、計算を補助するにも、指はとても有効なデバイスである。「数」を意味するdigitが、同時に「指」を意味する言葉でもあるのは単なる偶然ではない。

数を学び始めたばかりの頃、指を折りながら懸命に数えた記憶がある。自分の意志で、一本ずつ指を折り曲げていく動作によって、「一つずつ増える」という自然数の性質をからだを使って覚えていくことができる。いつでも同じ本数と順番であることに加えて、意のままに、一本ずつ動かせるという事実は、指を極めて便利な道具にしている。

とはいえ、ヒトの手はそもそも、指を一本ずつばらばらに動かす仕様になっていない。ヒトはあくまでサルの仲間で、木の枝を掴んだり、木の実をもいだりするためにもっぱら手を使ってきたのだ。このとき、一本ずつ指をバラバラに動かすより、五本の指を協調させて動かす方が、基本的だったはずである。

神経科学者のマーク・シーバーとリンドン・ヒッバードは、サルを対象とした実験で、指の動きに伴う神経細胞の活動について興味深い発見をした[4]。彼らは、手全体を使う基本的な動きに比べて、指を一本ずつ正確に動かすときの方が、運動皮質の活動が大きいことを明らかにしたのだ。特に、指を一本だけ動かそうとするとき、運動皮質の神経細胞のいくつかが、他の指の動きを妨げるためにことさら働いているとわかった[5]。

十本の指それぞれに対して、それを動かす専門の神経細胞集団があり、それらが同時に活動することで複数の指が動くのではなく、むしろ複数の指を協調させて動かす方が、指を一本ずつ動かすよりも少ない運動皮質の活動で済むというのだ。

手はそもそも、数を数えるときのように、指を一本ずつ正確に折り曲げる動作のために進化してきたのではない。ヒトが指を使って数えるときには、指を本来の仕様とは異なる形で、いわば「ハック」しながら使っているのだ。長男が生まれて初めて指で「4」を表現したときにも、彼は指と神経系との本来の関係を編み直しながら、認識の可能性を拡張していく、最初の一歩を踏み出していたのかもしれない。

「わかる」と「操る」

これから、「計算」という人間の営みの歴史を、古代から現代まで少しずつたどっていく。それは、人間の認識が届く範囲が、少しずつ拡大してきた歴史でもある。

そもそもヒトが指を折り、あるいは手近な小石などを手に取って、最初に「数」を把

図1 『文字はこうして生まれた』(デニス・シュマント＝ベッセラ著、岩波書店)より(図2も)、Louis Levineの提供による

握しようと試みたのはいつのことだろうか。それはおそらく文字が生まれるよりはるか前だったはずで、明示的な記録はどこにも残されていない。そのため、間接的に残された「物」を手がかりに、大胆に想像力を働かせるほかない。

〔図1〕は、前八〇〇〇年紀から前三〇〇〇年紀の西アジア一帯から多数出土している小型の粘土製品である。考古学者のデニス・シュマント＝ベッセラ(一九三三―)は、直径二センチ程度のこうした粘土片を「トークン(token)」と呼び、これらが古代に、物の数量を把握し、記録するための会計システムの一部であり、しかも「数字」の遠い祖先でもあったという大胆な仮説を提唱している。

彼女が描くシナリオはこうだ。

最古のトークンは、前八〇〇〇年紀の南メソポタミアに登場した。ちょうど人類が新石器時代に突入し、定住生活が始まった頃である。この時期のトークンは、穀物や家畜など、農畜産物の数量を管理するための道具であったと考えられる。異なる形状のトークンが、それぞれ別種の物品の会計管理のために割り当てられた。たとえば卵型のトークンは壺に入った油を表し、円錐形のトークンは小単位の穀物を表すという具合だ。

油や穀物の量を記録するには、一対一対応の関係に基づき、数えたい対象と同じ数だけ、専用の形状の粘土を並べる必要があった。つまり、この時代のトークンは、数える対象から切り離された抽象的な数を表していたのではなかったのだ。「2」や「3」などの数を表すトークンはまだなく、トークンは常に、数えられる対象と紐づけられていた。

前三七〇〇年から前三五〇〇年頃には、大きさ五〜七cm程度の中空の粘土球(封球(ふうきゅう))が登場する[図2]。穀物や家畜の数量に対応するトークンを入れて封印し、再び参照する必要があるときまで保管して使われたものと考えられる。こうすることで、トークンによる情報を、長期的にアーカイブできるようになった。

やがて一部で、表面に中のトークンに対応する印影を押し付けた封球が登場する。封球は、ひとたび閉じてしまえば、壊さない限り中身を参照できない。そのため、この欠点を乗り越える工夫が始まったのだろう。たとえば、七つの卵型トークンが入った封球の表面に、あらかじめ七つの卵型のマークを押印しておく。すると、封球を割って中身を取り出さなくても、中の情報がわかる。

表面に中の情報が押印されているなら、もはや中に入れられたトークンの必要はない。このため、封球は徐々に中空のない粘土球、すなわち「粘土板」に置き換わっていった。かくして、三次元のトークンが、粘土板上の二次元の印に還元されていった。

図2 封球と刻線入り卵型トークン。イラクのウルクより出土。ドイツ考古学研究所の提供による

紀元前三一〇〇年頃には、トークンを模した絵の代わりに、数える対象に依らない、一般的に使える記号が考案される。粘土板には羊に対応するトークンの形を五つ押印するのではなく、「5」を表す記号と「羊」を意味する記号をそれぞれ押印すればよいことになった。ベッセラによれば、これこそが「数字」と「文字」の起源だというのだ[6]。

数は、記号として書き記されるよ

うになる前は、物として「把握」するしかないものだった。粘土や小石などの物が「数字」に変わっていくまでの長い道のりについてはわからないことも多いが、ベッセラが描くストーリーは、数の起源へのイマジネーションを膨らませてくれる。

　いまや私たちは、古代メソポタミアの人々に比べてはるかに容易に、効率的に数を操ることができるようになった。数を記録するのにいちいち粘土を動かす必要はなくなり、代わりに数字という便利な道具を手にしている。それでも、文化と技術、道具の助けなしには、私たちは依然として数について無力だ。

　人類の紆余曲折に満ちた試行錯誤の長い歴史を、私たちはたった数年の学習でいまは乗り越えていく。これは、数を習得するための方法が磨かれ、効率化されたおかげだ。だが、私たちの生得的な認知能力は、古代とほとんど変わっていないはずである。だからこそ、数えたり、計算したりできるようになるためには、様々な文化的装置の力を借りて、生得的な認知能力を拡張する必要がある。この作業は誰にとっても、少なからぬ困難を伴う。数学嫌いや数学アレルギーといった言葉が世界中にあるのもこのためかもしれない。

　私はこれまで何度か韓国の子どもたちの前で数学のレクチャーをする機会に恵まれてきたが、このとき、数学嫌いを意味する「数放者（スポジャ）（수포자）」という言葉があることを

教えてもらった。英語圏では、「数学恐怖症（mathemaphobia）」、あるいは「数学不安（math anxiety）」という言葉を耳にすることもある。スタニスラス・ドゥアンヌの『脳はこうして学ぶ』（*How We Learn*）によれば、「数学不安」はすでに定量的に理解が可能な症候群とされていて、これを患ってしまった子どもは、数学を前にしたとき、痛みや恐怖と関係する神経回路が活動していることが確認できるという。必ずしも数学的な能力が劣っているわけではなくても、数学に直面するだけでネガティブな感情の波に襲われ、計算や学習の能力を破壊されてしまうというのだ。どうして数学ばかりがこれほど恐れられるのだろうか。生得的な認知能力を拡張していく難しさと苦しさが、一つの大きな要因だろう。

生来の認知能力に介入し、それを意味のまだない方へ押し広げていくには、多かれ少なかれ痛みが伴うのだ。

この最初の一歩を踏み出すとき、助けとなったのは、指や粘土、あるいは小石などの物だったと考えられる。古代の私たちの祖先は、頭のなかでは数を正確に描けないからこそ、頭の外に粘土を並べた。頭のなかでは曖昧（あいまい）に混ざり合ってしまう数量が、頭の外では、物理的に切り離されたままでいてくれたのだ。こうして彼らは、身体や物の力を借りて、生まれ持った数覚（すうかく）を少しずつ分節していこうとした。

肝心なことは、指を折るにせよ、粘土を並べるにせよ、それは既知の意味を表現する手段ではなかったことである。何しろヒトは、頭のなかでは7と8すらきれいに区別できないのだ。

指にせよ、粘土にせよ、それは少なくとも当初は、意味がまだないまま動かしてみるしかないものだった。参照すべき意味解釈がないまま、それでも指を折り、粘土を動かす。幼子は4の概念を理解できるようになるはるかまえから、四本の指を立てられるようになる。まだ意味のないこの動きに、意味は後から浸み込んでいくのだ。

計算において、自分が何をやっているかを「わかる」にこしたことはない。だが、まだ意味が「わからないまま」でも、人は物や記号を「操る」ことができる。まだ意味のない方へと認識を伸ばしていくためには、あえて「操る」ための規則に身を委ねてみることが、ときに必要になる。このとき、「わかる」という経験は、後から遅れてやってくるのだ。

物から記号へ

物を使うことで数は可視化され、触れるようになる。ヒトはもともと、頭で思考するより、目と手を使って物を操ることの方が得意な生き物なのだ。私たちの知覚運動系は、数の概念が生まれるずっと前から、物を目で見て、手で摑む動作を生み出してきたのである。そのため、数の認知においても、こうした「得意分野」を生かすことが重要になる。

たとえば西アジア文化を継承した古代ギリシアでは、計算は主に「算盤（アバカス）」を使って行われた。これは、大理石などの平らな面に、平行な線を何本か引いただけの装置だ。ソロバンと違い、数えるための「珠（たま）」は固定されていない。線に挟まれた領域に、珠に相当する小石などを並べて計算を進める簡単な仕組みだった。

比較的大きな数を含む計算も、算盤を使えば、小石の個数の視認と、手で摑む動作に還元される。大きな数を扱うときも、繰り上がりの原理を用いれば、それぞれの位を表す欄にはせいぜい四つの小石を並べるだけで足りる。これなら人間の生得的な認知能力で十分に対応できる。視覚による個数の認知と、手の巧みな動作。こうした人間の能力をうまく組み合わせることで、認知負荷を最小限に抑えながら、計算を遂行できるのだ。

計算は本来、頭のなかでするものではなかった。人間と数のかかわりの歴史は、石や粘土、あるいは砂や紙など、それを支える「物」との関係にいつも彩られていた。物を手で摑んで動かさなくても、ただ数字を書くだけで計算ができるようになるのは、計算用の数字、すなわち「算用数字」が普及した後だ。

算用数字がどこで生まれたのか、定かなことははっきりしないが、遅くとも六世紀にはインドで、ゼロを表す記号を含む十進位取り記数法を使って「筆算（ひっさん）」が行われていたようだ。[7] この仕組みがアラビア文化を経由してヨーロッパに伝わったため、「インド・アラビア数字」という呼称も生まれた。[8]

ただし、「インド・アラビア数字」のいまの形は、あくまで中世の西ヨーロッパで確立したもので、それに先立つインドやアラビアの数字は、これとかなり違う形をしていた。このため、「インド・アラビア数字」の代わりに、あえて「西洋数字」という表現を使う本もある。本書では、（おそらく日本でしか通用しない表現ではあるが）計算用の数字という点を強調するためにも、数字「0、1、2、3、4、5、6、7、8、9」を単に、「算用数字」と呼ぶことにする。

算用数字の普及によって、人は物理的に「物」を動かすことなく、平面上の記号を操るだけで、計算できるようになった。このとき肝心になってくるのが、数字の表記法（ノーテーション）である。

同じ数を「二十三」と書くか「23」と書くか、あるいは「XXIII」と書くか「[illegible]」[9]

と書くかは、一見すると瑣末（さまつ）な問題に思えるが、計算の道具として数字を見ると、ここに雲泥の差があるのだ。

　優れた表記法は、「あらゆる不要な仕事から脳を解放することで、より高度な問題に集中する余力を生み、結果として人類の知能を増進させる」と、イギリスの数学者アルフレッド・ノース・ホワイトヘッド（一八六一―一九四七）が、著書『数学入門』（*An Introduction to Mathematics*, 1911）のなかで記している通りだ。二桁以上のかけ算やわり算を、易々とこなす現代人の姿を見たら、古代ギリシアの数学者たちは驚嘆するはずだが、その秘密は数の表記法にある。

　たとえば、漢字の「三」は、文字通り線が三本並んでいるので、算用数字の「3」より、意味の表現としては素直なのだが、漢数字で計算をしようとすると、「三」と「二」の区別が紛らわしいなど、不便な点が目立つ。見た目と意味が切り離されている「3」の方が、計算の場面では便利なのである。

　慎重に設計された記号は、意味を忘れて操作に没入するための手助けとなる。算用数字の普及と定着はこの点で、計算文化の発展を支える重要な一歩だったのだ。

算用数字が広がる

現代の私たちにとって、算用数字の利便性はもはや疑うべくもないが、古今東西、算用数字の他にも多様な数字が生まれ、使われてきたのもまた事実だ。そのなかで、算用数字だけが最も優れた数字のシステムだとは、必ずしも断言できない。

実際、数字には計算の他にも、色々な用途がある。電話番号を伝えるときや、成績をつけるとき、未読のメール件数を表示するときや、文中に脚注を添えるとき……。数字にはいくつもの機能があるので、一概にどのシステムが優れているのかと、優劣を単純に比べることはできない。計算のしやすさの点で算用数字は優れているが、計算だけが数字に期待される機能ではないのだ。たとえば、本書ではしばしば漢数字を用いるが、それは、日本語の文中での読みやすさを優先するとき、漢数字が算用数字よりしばしば優れているからである。

数字に期待される様々な機能と、地域や文化に根ざした数字の多様性を思うとき、むしろ算用数字だけがこれほど普及している現状の方が、特異なのだと気づく。

算用数字が破竹の勢いで全世界へと広がっていくのは、十六世紀のことであった。これは、ヨーロッパに最初に算用数字がもたらされたかなり後である。およそ百種類もの数字表記システムを比較研究した大著『数字表記法 比較史』(*Numerical Notation: A Comparative History*, 2010) の著者ステファン・クリソマリスによれば、十六世紀の急激な算用数字の伝播には、活版印刷技術の普及や資本主義の台頭、ヨーロッパ諸国による非ヨーロッパ圏の植民地化と、それに伴う記数法の画一化など、様々な要因が複合的に関わっていたという。

いずれにしても、十六世紀以前は、ヨーロッパにおいてさえ、算用数字はなかなか普及しなかったのだ。すでにローマ数字が、数の表記と記録のための道具として機能していたので、算用数字がローマ数字をただちに駆逐すべき理由もなかった。中世の学者の多くは実際、外来の数字である算用数字を、何世紀ものあいだ相手にしようとすらしなかったという。

算用数字がヨーロッパに普及していく上で貢献したのは学者ではなく、むしろ活発な経済活動に勤しむ商人たちだった。彼らには、新しい数字を必要とする理由があった。特に、中世ヨーロッパ世界の経済を牽引した北イタリアにおいては、貿易や金融の発展に伴い、ビジネスの現場で求められる数の操作が複雑化していた。文字を読み書きできる力 (literacy) だけでなく、数字を操る力 (numeracy) が、商人の基礎的な素養として求められる時代が到来したのだ。

時代の要求を敏感に読み取り、算用数字という外来の技術を母国イタリアで普及させる上で大きな貢献をしたのは、フィボナッチの通称で知られる数学者レオナルド・ピサノ（一一七〇頃―一二五〇頃）だ。フィボナッチは、税関官吏だった父の仕事の関係で若いときから諸国を遍歴し、そこで算用数字とアラビア流の数学に出会った。『計算の書』（*Liber Abaci*, 1202, 1227）という大部の著作に、彼はその新たな技術の精髄を詰め込み、イタリアの人々に届けようとした。

全十五章からなるこの本の冒頭、写本家による短いコメントのあと、彼は次のように高らかに宣言している。

インドの人々が使っている九つの数字は：９８７６５４３２１。これら九つの数字と、アラビア人がゼフィルムと呼ぶ０という記号を使って、以下に示す通り、あらゆる数を書き表すことができる。[10]

たった十個の記号であらゆる数が表せる。この驚くべき事実についての当時の新鮮な感動が伝わってくる。

フィボナッチは、ヨーロッパに算用数字をもたらした最初の人物ではなかった。それでも彼は、北イタリアに新たな計算の文化が根づくための、決定的な役割を果たした。[11]実際、『計算の書』が発表されてからおよそ三世紀の間に、イタリア各地に「計算の達人」と呼ばれる計算教師が次々に現れ、彼らの手によって何百もの「計算書(libri d'abaco)」が執筆されていった。これらを教科書としながら、子どもに会計や計算の技法を授ける「計算学校」も続々と生まれていく。レオナルド・ダ・ヴィンチやニコロ・マキャヴェリなども、こうした学校に通い、計算文化の洗礼を受けた人物の例に入る。

算用数字を用いた計算の技法と同時に、アラビア世界から伝来した「代数学(アルジャブル)」[12]もまた、商人を中心とする中産階級の間に少しずつ浸透していく。イタリアにやや遅れて十五世紀には、ドイツやフランス、イギリスやポルトガルなどにも、東方から伝来した計算文化が波及していった。十七世紀に花開く「西欧近代数学」の種子は、こうしてじっくりと醸成された「計算文化」のなかで、徐々に育まれていったのである。

図から式へ

アラビア世界からヨーロッパに伝わったのは、もちろん数字だけではない。中世以後のヨーロッパの数学全体が、アラビア数学からの決定的な影響下にある。古典的な数学史のテキストは、アラビア数学からの影響を軽視する傾向があるが、こうした偏向(バイアス)自体が、近代ヨーロッパ由来の学問の所産と言える。かつて明治の日本が、外来の文化としてヨーロッパの数学に遭遇したのと同じように、中世のヨーロッパの人々もまた、少なからぬ衝撃とともに、未知の学問としてアラビア数学とめぐり合ったのである。

外来の学問を我が物とし、独自の形に昇華させていくには、長い時間が必要になる。アラビア世界からもたらされた代数学の種子が、ヨーロッパで独自に開花するまでには、何世紀にもわたる歳月が流れた。この過程で、それまで言葉で行われていた代数学は、徐々に記号の操作に置き換わっていった。特に、記号の普及によって、「数式と計算」による数学が誕生したことは、近代ヨーロッパで起こった数学史上の最も重大な事件の一つだった。[13]

記号化される以前、代数学はあくまで言葉による営みだった。たとえば、アラビア世界における代数学の誕生を告げるアル゠フワーリズミー（七八〇頃—八五〇頃）の『ジャブルとムカバラの書』には、次のような一節がある。

誰かが次のような問題を出すとする。「私は十(とお)を二つに分けて、そのうち一つにもう一つをかけると、結果は二十一(はたちあまりひとつ)になった」。すると一方が「物」で、もう一方は「十引く物」であることがわかる。[14]

これはいまなら単に、

$$x(10-x)=21$$

という方程式を解く問題に当たる。

数学的には同じ内容を持つ主張や問題でも、どんな表記法で記すかによって、そこから展開できる思考の可能性は変わってくる。算用数字が優れた表記法の威力を示すのと同様、代数学の記号化もまた、表記法が人間の思考にもたらす甚大な影響を明らかにしていくのだ。

［図3］を見てほしい。これは、近代西欧数学の黎明期に活躍したゴットフリート・ライプニッツ（一六四六―一七一六）の手によるメモ書きである。数式を書いたり消したりしながら、彼が「紙の上で思考している」様子が伝わってくるだろう。

それまでの数学が、作図の動作以外は主として音声言語を用いていたとすれば、近代の数学者たちはこうして、紙の上で、対応する音声を持たない記号を書き連ねながら、思考できるようになったのである。

近代的な数学の礎を築いたルネ・デカルト（一五九六―一六五〇）は、適切な表記法が、明晰な思考を実現するためにいかに重要かを時代に先駆けて認識していた人物だった。明晰な思考と、確実な推論を支える普遍的な「方法」を模索した彼は、生前未発表の遺稿『精神指導の規則』（*Regulae ad directionem ingenii*）のなかで、複数の事柄を曖昧なまま同時に意識しようとする態度を戒め、常に一度に一つの事柄に精神を集中させるべきだと力説している。そして、そのための工夫として、記憶の負荷を軽減させてくれる「きわめて短い記号」の使用を挙げている。記号を用いることで、紙に記憶を保持しておける。精神を無駄な苦労から解き放って、その都度最小限の観念に、意識を集中できるというのだ。

この際、記号をどのように設計（デザイン）するかが肝心である。デカルトが、記号の優れた

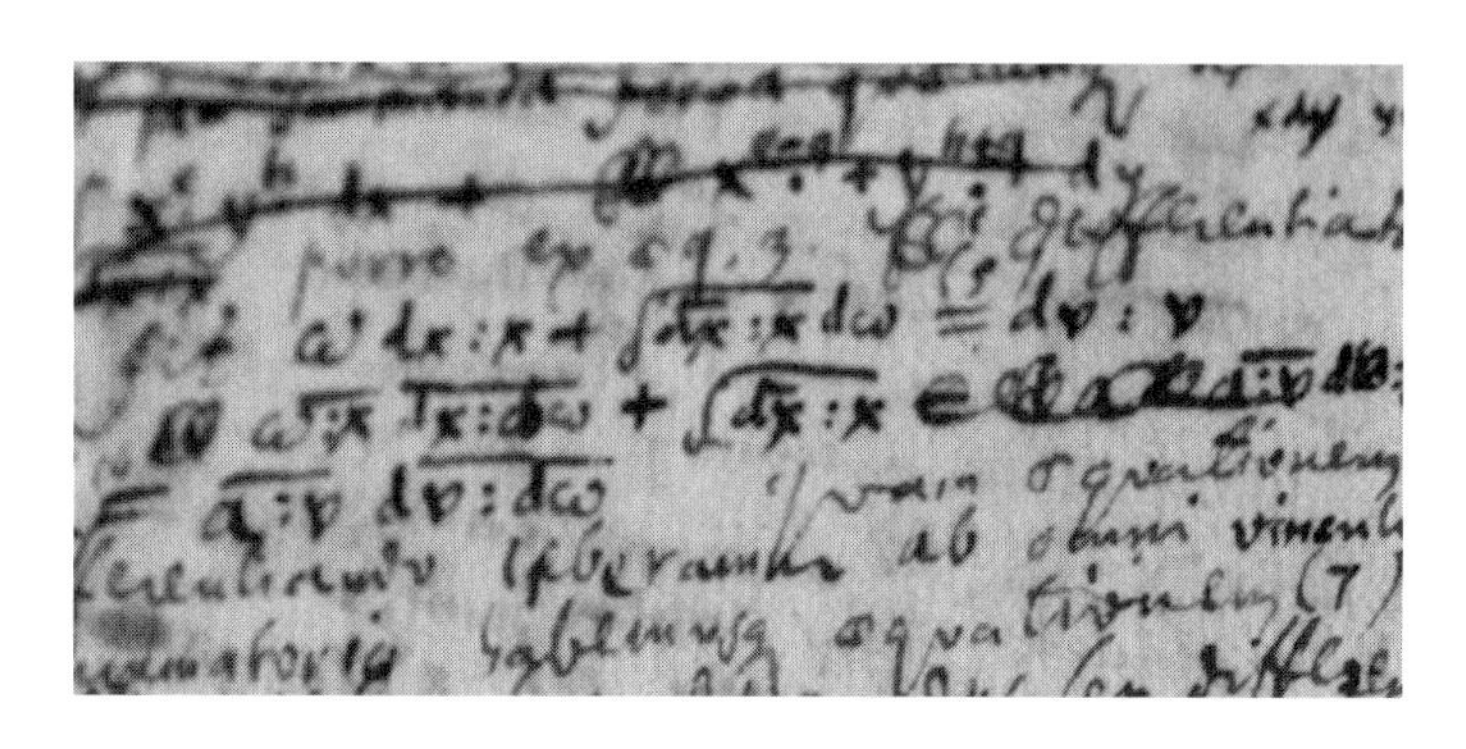

図３　ライプニッツの手稿より、手書きの数式メモ部分。
ニーダーザクセン州立図書館内「ライプニッツ文書室」所蔵

設計者であったことは、彼の記号法の多くが現在も使われている事実が物語っている。

　既知数にアルファベットの先頭のa、b、cを用い、未知数にはx、y、zを用いるというのはデカルトが導入した記号法である。たとえばべき乗を「x^2、x^3」などと表すのも彼の流儀だ。デカルトの数学の集大成とも言える『幾何学』（*La Géométrie*, 1637）を開くと、それ以前に書かれた数学書に比べて読みやすい。それは、彼が導入した記号法が概ね、現代にもそのまま継承されているからだ。

　詳しくは二章で見るが、デカルトは、図形の本質が、代数的な方程式だとする新しい視点を切り開いていった。幾何学の問題は、その都度、偶然的なひらめきによって解かれるのではなく、図形を方程式に置き換えた上でその式を解くという、普遍的な「方法」に基づいて解決されるべきだと彼は考えたのだ。

デカルトの数学は、彼の遠大な哲学的企図のほんの一部に過ぎなかったが、その数学が、結果として数学の風景全体をがらりと変えた。数学は、作図と言葉の縛りから自由になって、記号と規則の世界に解き放たれた。

明示的な規則に支配された数式の計算は、意味解釈が確定しないままでも遂行できる。古典的な幾何学が、定規とコンパスで描ける図の「意味」に縛られていたとすれば、デカルト以後の数学は、記号と規則の力を借りて、意味がまだないい方へと、さらに自由に羽ばたいていくことになるのだ。

0から4を引くと?

数学史家のヘンク・ボス(一九四〇―)は、近世における数学の「厳密さ(exactness)」の概念の変遷を辿った労作『幾何学的な厳密さを再定義する』(*Redefining Geometrical Exactness*, 2000)の最終章で、みずからの研究を振り返りながら、「数学においてまったく変わらないものなどない」と、しみじみとした感慨を書き記している。実際、数学の歴史を学ぶとしばしば、いま当然とされていることが、いかに過去の数学者にとっては、当たり前でなかったかを思い知らされることになる。

十七世紀のフランスの数学者ブレーズ・パスカル（一六二三—一六六二）が、哲学的断章『パンセ』のなかで、「ゼロから四を引いてゼロが残ることを理解できない人たちがいる」と、苦言を呈している一節がある。当代一流の数学者だったパスカルだが、彼にとって「負数（ふすう）」という考えは、不合理でしかなかったのかもしれない。

だが、「数学においてまったく変わらないものなどない」。いまでは、0から4を引いたら「-4」だと、小学生でも答える。それは、いまの小学生がパスカルより賢くなったからではなく、数を見るときの視点が変わったからだ。

パスカルの時代に数は、物の個数や長さ、面積などの「量」を表すという常識があった。そこではたとえば、「0−4＝−4」や「2−4＝−2」のような式は「無意味」だった（当時はそもそも「＝（イコール）」という記号もまだ一般的ではなかったが）。リンゴ二個からリンゴ四個を取り除こうとすれば、途中でリンゴがなくなる。まさか結果として「負のリンゴ」が二つ生じると考える人はいないはずだ。ならば、

（1）2−4＝−2

とするより、

(2) $2-4=0$

とする方が合理的である。

「数は物の個数や量を表す」という意味にこだわるならば、(2)の方が「正しい」のだ。ところが、演算が従属すべき「規則」を尊重すれば、逆に(1)の方が理にかなっている。

実際、「$2-4=0$」とすると、

$(2-4)+4=0+4=4$

となり、2から4を引いたあとに、4を足すと、元の2に戻らない。したがって、「たし算はひき算の逆」という基本的な性質が壊れてしまう。

数学ではいつでも「ただ一つの正しい答え」があるわけではない。新しい規則を採用するときには、進むべき方向を選ぶ必要が出てくる。「数字は物の個数や量を表す」という意味を優先すれば、「2－4＝0」が正当化されるし、「－（マイナス）」と「＋（プラス）」が服従すべき規則に着目すれば、「2－4＝－2」の方が、もっともらしくなる。意味にしたがって規則が定まる場合もあるが、規則の要請で生まれた式を解釈するために、新しい意味が後からついてくることもある。

分数のわり算や負数のかけ算について、「意味がわからない！」と嘆いた人もいるかもしれないが、数学では時に意味を手放し、規則を頼りに前進することが必要になるのだ。

数直線の発見

規則を頼りに前進していく過程で、まだ意味のない操作にも、やがて新たな意味が染み込んでいく。数が「量」を表すと考える代わりに「位置」を表すとみなし、負数に幾何学的な解釈を与えるのが「数直線」のアイディアである。

０の右に向かって正数が一列に並び、０の左に向かって負数が並んでいく。こうして数が一直線上に整然と並ぶ「数直線」のアイディアが、ヨーロッパの書物に現れるのは意外なほど遅い。イギリスの数学者ジョン・ウォリス（一六一六―一七〇三）の著書『代数学』（*Algebra*, 1685）には、その先駆けとも言うべき図が出てくる。[15]

この本の第六十六章のなかで、［図４］とともに、ウォリスは次のように解説している。

たとえば、男が（ＡからＢへ）５ヤード前に進んだ後に（ＢからＣに）２ヤード後退したとしよう。彼はＣにいる時点で（それまでの行程全体を通して）どれだけ前進したか？　あるいは、彼はＡにいたときに較べてどれだけ前にいるだろうか？　と問われたとしたら、私は（２を５から引くことで）彼は３ヤード進んだと答える（なぜなら＋５－２＝＋３だから）。

しかし、彼がＢまで５ヤード前進したあとに、Ｄまで８ヤード後退したとして、その上で彼がＤにいるときには、彼がどれだけ前進したか、あるいはＡにいるときに較べてどれだけ前にいるか、と聞かれたら、私は-3ヤードと答える（なぜなら＋５－８＝－３だから）。要するに、彼は無［原文では nothing］に較べて３ヤードだけ左に

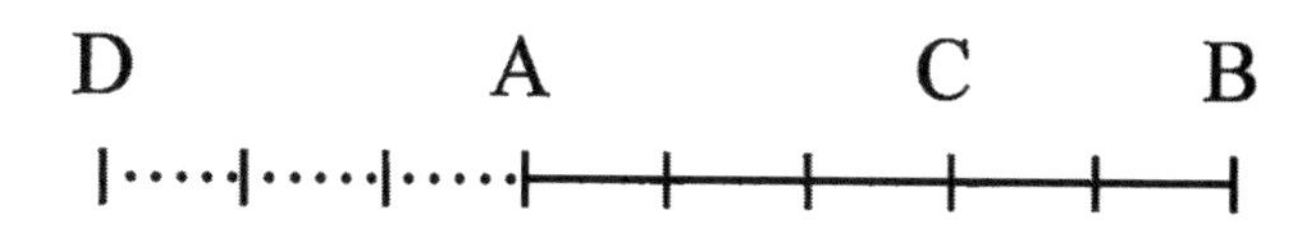

図４　ジョン・ウォリスの『代数学』に登場する「数直線」

前進したということである。（筆者訳）

これは、当時の数学者たちに向けてウォリスが書いた文だ。まるで小学生に教え諭（さと）すかのようでもあり、それだけこの考え方が当時の人にとって、当たり前ではなかったことがわかる。

ひとたびウォリスの説明を理解できれば、負数を受け入れるのも難しくなくなる。数直線を思い浮かべられる人にとって、「5－8＝－3」という式は、「5－2＝3」という式とまったく同じくらい意味があるからだ。

「虚数（きょすう）」の登場

二乗すると負になる「虚数」もまた、数としての地位を得るまでには長い年月がかかった。

虚数が、はじめて数学のテキストに登場するのは、十六世紀だ。イタリアの数学者ジェロラモ・カルダーノ（一五〇一－一五七六）が著書『アルス・マグナ』（*Ars Magna*, 1545）において、「10を二つに分割し、その積が40になるようにするにはどうすればよいか」という問題に対して、$x=5\pm\sqrt{-15}$なる「解」を示してみせたのが最初だ。

だが、数は具体的な長さなどの「量」を意味すると考えていたカルダーノにとって「10を$5+\sqrt{-15}$と$5-\sqrt{-15}$に分割する」というのは不合理でしかなかった。$\sqrt{-15}$とは、二乗したときに-15になる数だ。二乗したら-15になる「長さ」などあり得そうもない。とすれば、長さ10の線をいったいどうやって「長さ$5\pm\sqrt{-15}$」のところで分割しろというのか。

彼は、右の「解」を導いてみせたあと、こうした解に「使い途はない」と冷ややかなコメントだけを残し、虚数についてそれ以上立ち入った考察をしていない。[16] ところが、虚数はただ見て見ぬふりをして素通りできるような相手ではないことが次第に明らかになる。

実際、たとえば、

$$x^3 = 15x + 4$$

という三次方程式に、当時すでに知られていた三次方程式の解の公式[17]を当てはめると、

$$x=\sqrt[3]{2+\sqrt{-121}}+\sqrt[3]{2-\sqrt{-121}}$$

となり、虚数を含む、一見するとかなり複雑な解が導き出される。ところが、カルダーノより二回り若いボローニャ生まれの数学者ラファエル・ボンベリ(一五二六―一五七二)は、この一見複雑に見える解も、辛抱強く変形していくと、なぜか魔法のように虚数同士が打ち消し合って、$x=4$というシンプルな解が導かれることに気づいた[図5]。

虚数はこのとき、単に無意味なだけでなく、不思議な仕方で計算過程に寄与しているのだ。意味のまだわからない数が、何かしら意味のある働きをしている――この不思議な事実が明らかになって以来、虚数は、それが何を「意味」するかが未解決のまま、数学者たちの関心を惹(ひ)き続けることになる。

$$(2\pm\sqrt{-1})^3=2\pm11\sqrt{-1}=2\pm\sqrt{-121}$$

となるため、$\sqrt[3]{2\pm\sqrt{-121}}=2\pm\sqrt{-1}$ である。したがって、

$$x=\sqrt[3]{2+\sqrt{-121}}+\sqrt[3]{2-\sqrt{-121}}$$
$$=(2+\sqrt{-1})+(2-\sqrt{-1})$$
$$=2+2$$
$$=4$$

打ち消し合う！

図5

不可解の訪問

パスカルはもちろん、同じ時代のデカルトも、その後のライプニッツやニュートン、オイラーでさえ、虚数がほかの数と同様に「存在」するとは考えていなかった。もしウォリスが言うように、数が直線上に並んでいるとするなら、虚数の居場所がどこにもないことは確かだ。虚数は0でもなければ、0よりも大きくも小さくもない。だが、数直線上に並んでいるのは、0を中心として、0より大きい数と、0より小さい数だけなのである。

数が「直線」という一次元の世界に並んでいるのではなく、「平面」という二次元の世界にあると発想を変えることで、この状況が打開されたのは十九世紀に入ってからだ。デンマークの測地学者カスパー・ヴェッセル（一七四五―一八一八）やパリの書店員だっ

たジャン＝ロベール・アルガン（一七六八－一八二二）、そしてドイツの数学者カール・フリードリヒ・ガウス（一七七七－一八五五）らによって「複素平面」という新しい数の世界の描像が、それぞれ独立に、ほぼ同時期に考案されたのである。

　結論から言ってしまえば、虚数は０の右でも左でもなく、真上にあると考えればいいのだ。鍵になるのは、「負数をかける」という演算の幾何学的な解釈である。

　具体的に、「-1をかける」という演算の幾何学的な意味を、数直線上で考えてみよう。たとえば２に-1をかければ-2になる。-5に-1をかければ５になる。「-1をかける」操作によって数は、数直線上で０のちょうど反対側の場所に移る［図６］。「０の反対に移る」ということは、「０を中心に１８０度回転する」と言い換えてもいい。-1をかけるたびに、数が平面内をくるくると、０を中心に１８０度回転していく様子を目に浮かべてみてほしい。

　この見方のもとでは、たとえば

$$-1 \times -1 = 1$$

という式もごく自然に思える。すなわち、「−1×−1」というのは、１８０度回転を二

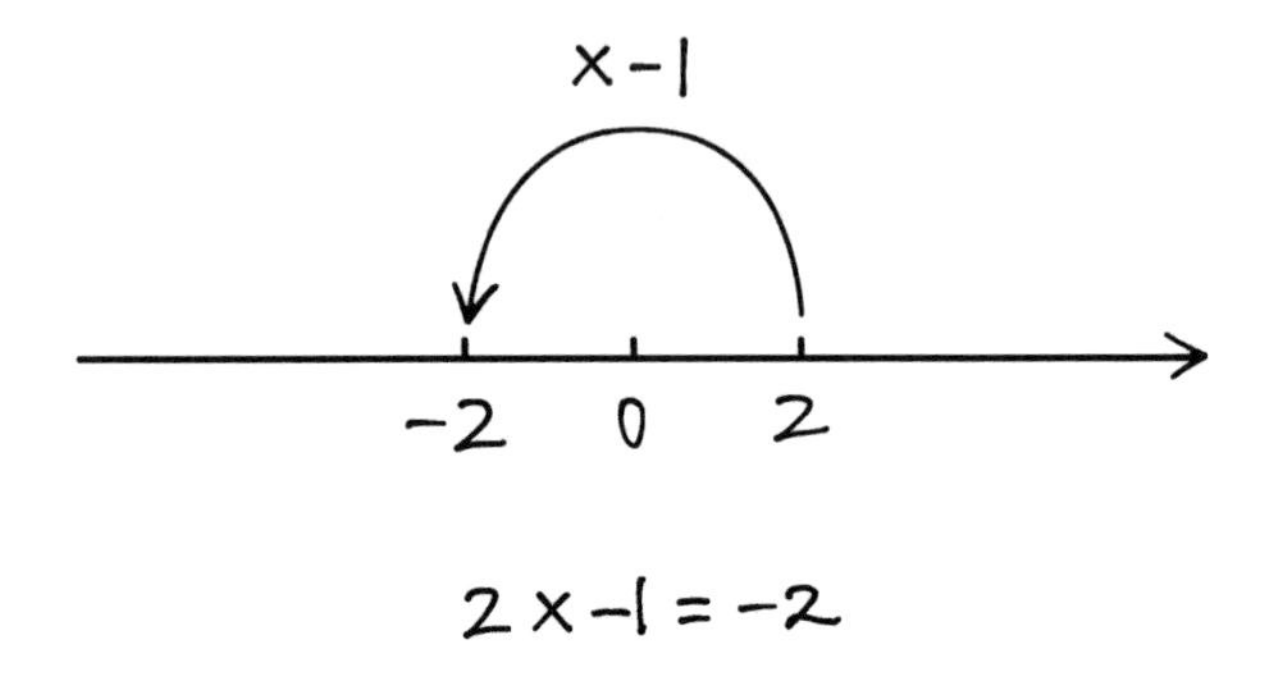

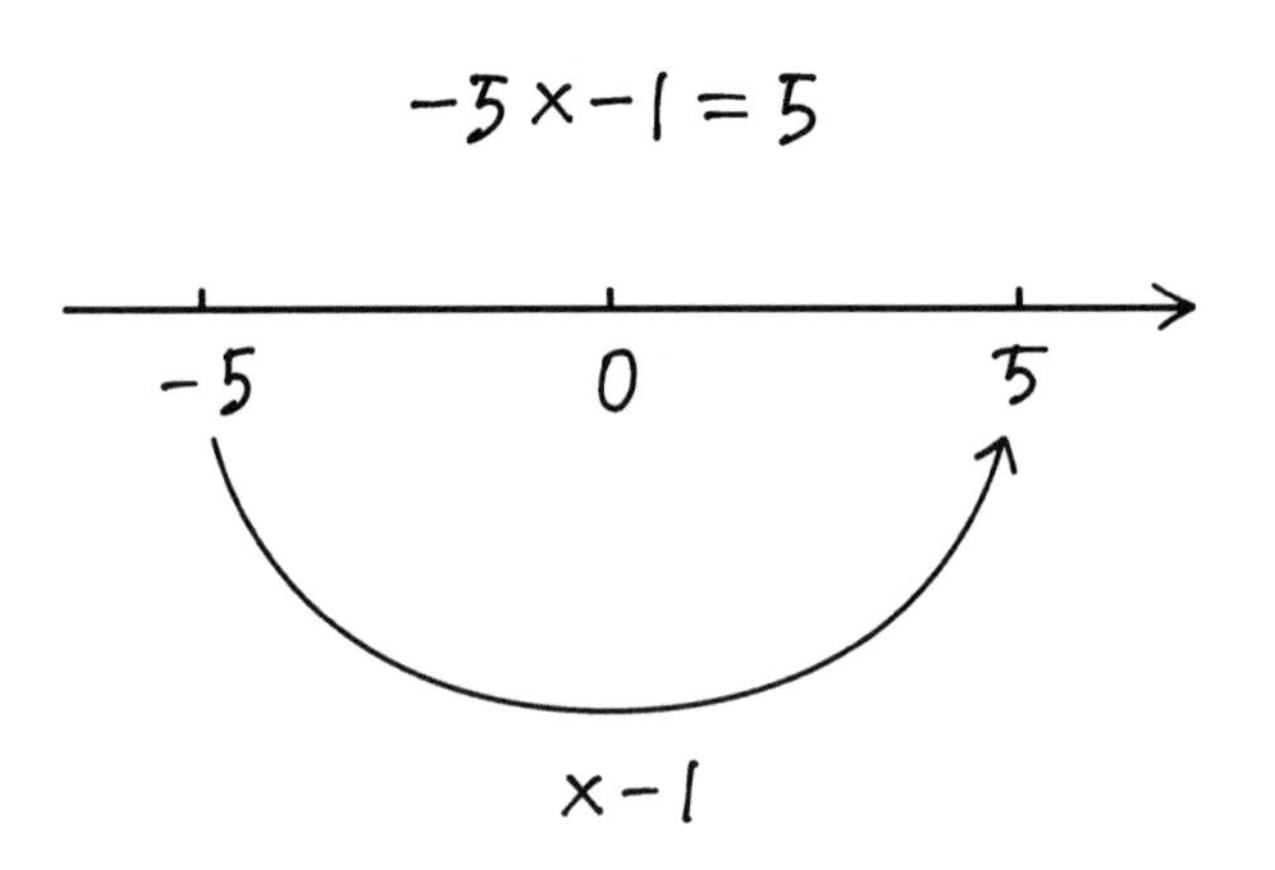

図６　数直線上で「−１をかける」

度くり返すことにほかならないのだ。１８０度回転を二度くり返せば元に戻る。これが－1×－1＝1という式の幾何学的な「意味」である〔図7〕。

この段階ではまだ虚数は登場していないが、視野はすでに直線から平面へと広がり始めている。「回転」とはそもそも、数直線を取り囲む平面を前提とした操作だからだ。

そこで、こんなことを考えてみる。-1をかけることが、平面内での１８０度回転だとするならば、回転を途中で止めたらどうか。たとえば、1を（反時計回りに）90度だけ回して、そこで止めてみたらどうか。

試しに1を90度だけ回転したところに、数があるとしてみよう。これはまったく想像上の（imaginaryな）数なので、仮に「i」と名付ける。iをかけることは、この幾何学的な解釈のもとでは、90度回転を意味する。90度回転を二度くり返すと、１８０度回転になる。とすれば、

$$i \times i = -1$$

という計算規則が、幾何学的な意味からの類推によって要請される〔図8〕。「iを二回かけると-1になる」。これはよく見ると、「虚数」が満たすべき性質にほかならない！

虚数は数直線上のどこを探しても見当たらなかった。だが、0の右でも左でもなく、0の真上に数があると考えてみると、それはちょうど虚数がみたすべき性質を持つのだ。

このアイディアをさらに進めてみよう。2にiをかければ$2i$になる。それは、2を90度回転させたところにある。-3を90度回転させたところには$-3i$があるし、0の上下至るところに数がある。かくして、数の世界は0の左右だけでなく、上下方向にも果てしなく広がっていくことになる。

さらに大胆に数の世界を広げてみよう。0の上下左右だけでなく、平面上のほかの領域にも数があると考えてみるのだ。これが、「複素平面」のアイディアである。

このアイディアを最初に着想した一人であるガウスは、実数x、yと虚数単位iを使って「$x+yi$」という形に表せる数のことを「複素数（独 Komplexe Zahl　英 complex number）」と呼んだ。ガウスはそもそも、「虚数」という表現を好まなかった。「虚数」と呼ぶことによって、この数が「空疎な記号」だという不当な印象が植え付けられることを彼は嫌ったのである。

+1、-1、iなどをそれぞれ「正」「負」「虚」の数と呼ぶ代わりに、ガウスは「直（direkte）」「逆（inverse）」「横（laterale）」などと、方向を意味する言葉で呼ぶことを提案した。そうすれば、虚数に対する不当な評価を一掃できると考えたのだ。

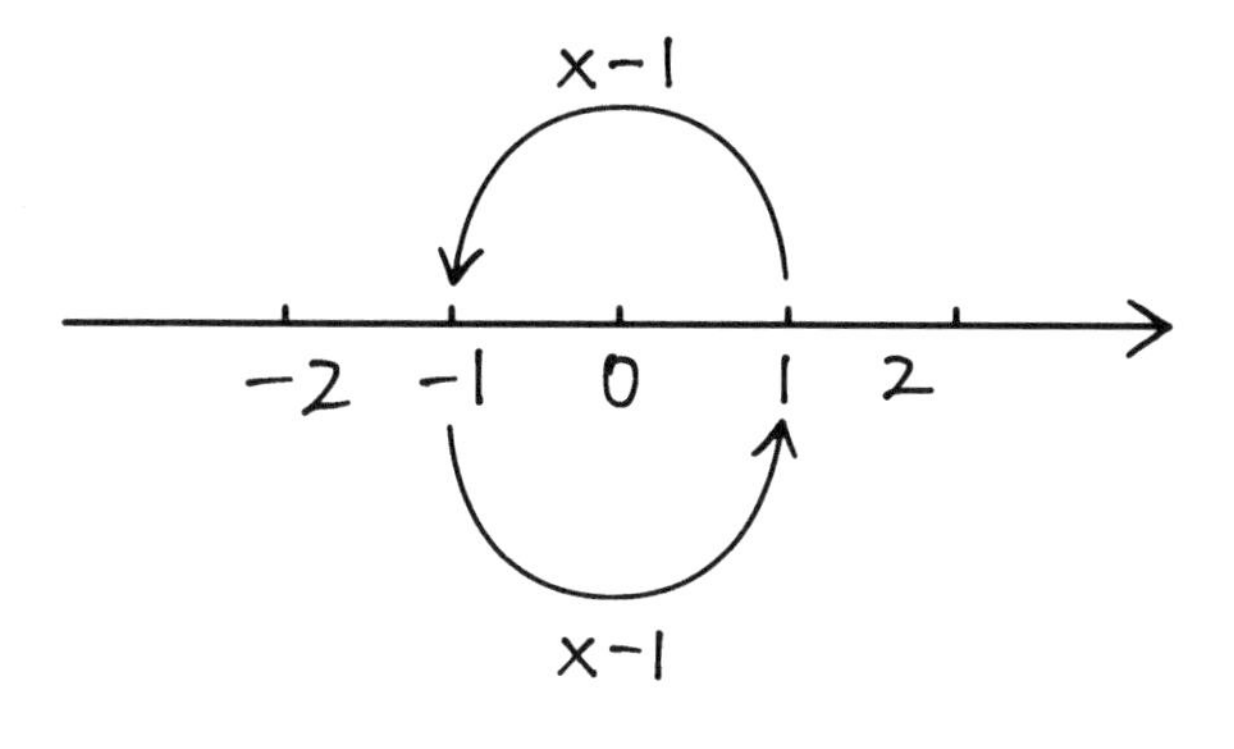

図７　「-1×-1」の幾何学的な「意味」

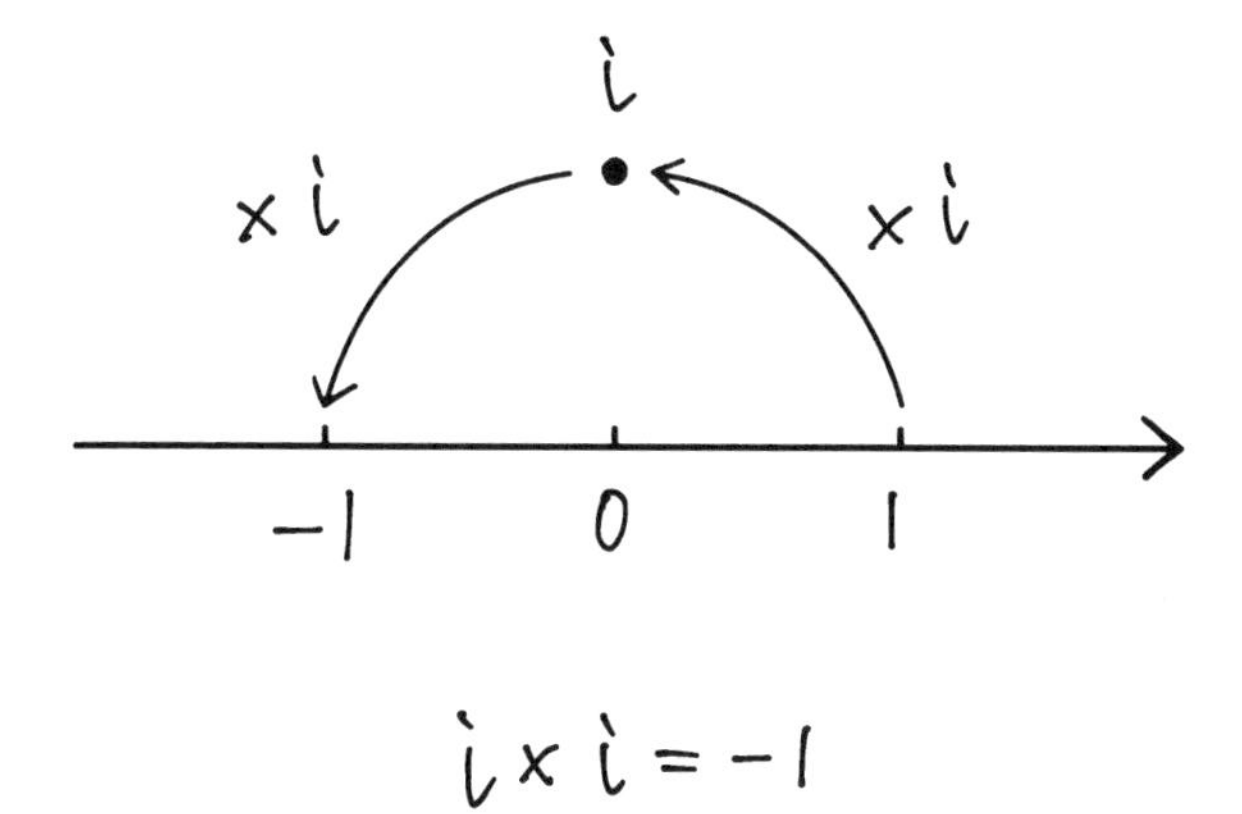

図８　「*i*×*i*=-1」の幾何学的な「意味」

「複素数」という言葉に彼は、「複数方向に単位を持つ」という意味を込めた。そこには「虚数」という言葉にある妙な神秘感や非現実感はない。なにしろ、+1とiは単に、原点からの「向き」が違うだけなのだ。とすれば、虚数は少なくとも実数と同じ程度には「現実的」である。ガウスは「複素数」という言葉を用いて、実数も虚数も、同列に扱おうとしたのだ。

さて、複素数「$x+yi$」は、複素平面上、実数xからyの分だけ縦方向に移動した場所にあると考える［図9］。こうすると、複素数の演算は、驚くほどうまく平面上の幾何学と調和する。

複素平面上のすべての複素数は、原点からの距離（これを複素数の「絶対値」という）と、数直線の正の方向から見て反時計回りに何度回転したかの角度（これを複素数の「偏角」という）によって表せる。このとき、複素数のかけ算の結果は、絶対値をかけ合わせ、偏角をたし合わせて得られる複素数と一致する。要するに、複素数のかけ算は、長さをかけ合わせ、角度をたし合わせる手続きとして、幾何学的に解釈できるのだ［図10］。

複素平面による複素数の解釈は、単に虚数に居場所を与えるだけでなく、複素数の四則演算の規則の意味を教えてくれる。[18] そのため、複素平面を正しく理解している人であ

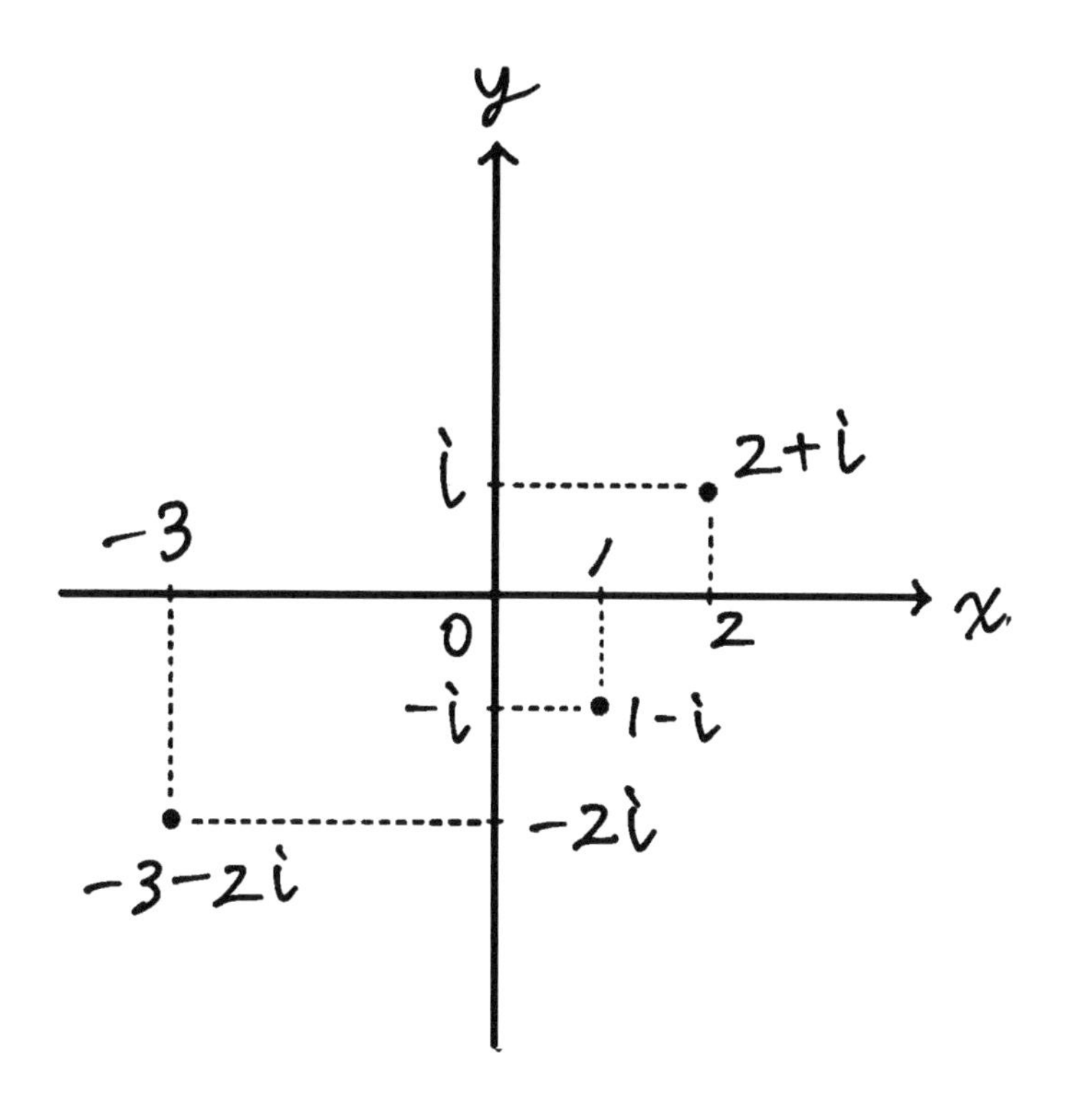

図９　原点の上下左右だけでなく、これを取り囲む平面全体に数が広がっていると考えるのが、「複素平面」のアイディアである

れば、煩わしい計算をせずとも、頭のなかの空間的なイメージに基づいて、ある程度まで複素数の計算結果を把握できてしまうのだ。不必要な計算を回避し、正確さを損なわないまま、幾何学的直観を頼りに、目指す答えにたどり着けるのである。

意味を「わかる」ことと、規則に従って記号を正しく「操る」こと、計算にはこの両面があり、両者は背中合わせの関係にある。だが、いつもピタリと重なり合っているのではなく、しばしばズレが生じる。

ボンベリはすでに十六世紀の時点で、虚数を正しく「操る」方法は知っていた。だが、その計算の意味が「わかる」ところまではたどり着かなかった。虚数の計算の意味が「わかる」までには、その後何百年もの歳月がかかった。意味のまだない操作と辛抱強く付き合い続ける時間の果てに、少しずつ「意味」が「操作」に追いついていったのだ。

数学はただ規則に従うことでも、ただ意味に安住することでもない。意味解釈を一時停止させ、規則に身を委ねる。そうすることで、人間の認識は徐々に拡張されてきた。だが、規則に服従しているだけでは、意味の世界は開かれてこない。意味がまだないまま、とにかく規則と付き合ってみる。未知の対象を「無意味」と決めつけるのでもなく、かといって既知の意味に無理に還元するのでもなく、不可解なものとして不可解なまま、粘り強く付き合い続ける時間のなかで、新たな意味が浮かび上がってくるのだ。

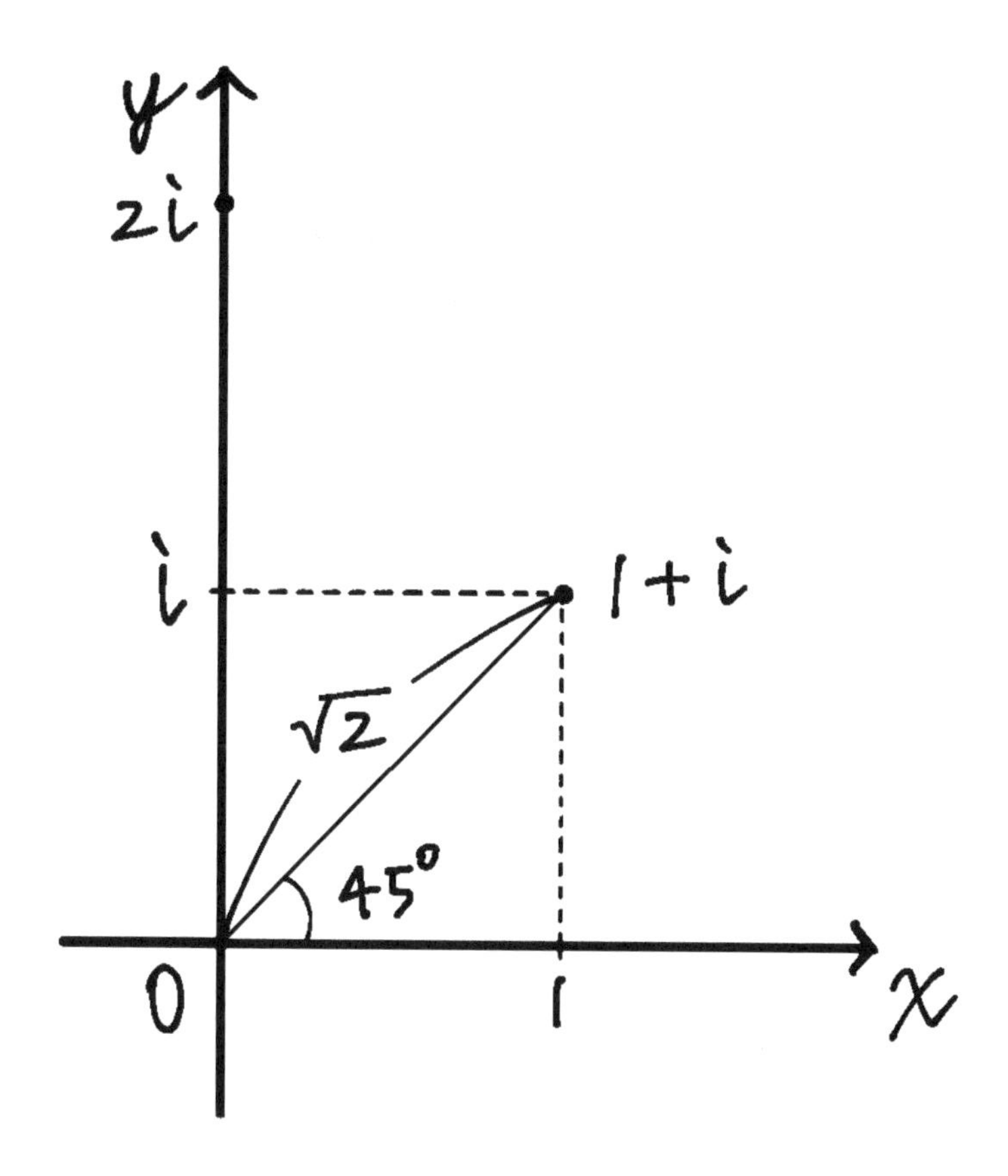

図10　複素数のかけ算の幾何学的な解釈。たとえば、複素数 $1+i$ を考えると、これは絶対値が $\sqrt{2}$ で偏角が45°の複素数である。したがって、$1+i$ を2乗すると、答えは絶対値が $\sqrt{2}\times\sqrt{2}=2$、偏角が $45+45=90°$ の複素数、すなわち $2i$ になる。このように、$(1+i)^2=2i$ となることが、計算をしなくても、幾何学的な考察によってわかるのだ

だれかが望んで、根号のなかに負数が入ってきたのではなかった。数学における認識の拡張は、決して人間の思い通りに進むだけではない。三次方程式を解くための規則に従い、地道に計算をしてみた結果、負数は根号に入ってきてしまったのである。それがどれほど不可解で、不都合であったとしても、付き合い続けてみた時間の果てに、虚数もやがて複素平面上の点として、れっきとした意味を帯びるようになった。

計算によって招き入れられた不可解なものの訪問をゆるし、それと粘り強く付き合い続けること。そうして、人の認識の届く範囲は、少しずつ更新されてきたのである。

第二章

ユークリッド、デカルト、リーマン

数学の歴史は、人類がその認識の届く範囲を拡張するために
あらゆる手段を尽くしてきた歴史であり、理解する力を押し広げるために、
概念や方法を設計してきた歴史だ。[1]

——ジェレミー・アヴィガッド

I　演繹（えんえき）の形成

　数学は、人間の理解の限界を押し広げるために、様々な「概念」と「方法」を編み出してきた。なかでも、計算は数学を駆動してきた最も強力な方法の一つだが、計算は、**演繹的な証明**というもう一つの方法と絡み合うことでこそ、さらに大きく発展していく。

　明示された仮説から出発し、必然的な推論だけを頼りに結論を導く「演繹（deduction）」は、起点となる仮説を認めるすべての者に、結論を受け入れさせるだけの決定的な説得力を持つ。それは、他の手段では決して得られないような、確実で、澄んだ認識を人間にもたらす。

古代ギリシア数学の「原作」に迫る

演繹という推論の形式は、ユークリッドの『原論』（紀元前三〇〇年頃）に見事に体現されている。この書に実演される整然とした推論の秩序は、後世多くの人たちの心を魅了し、中世から近代に至るまで、特に西欧世界においては、知識人にとっての必須の教養として読み継がれてきた。

スタンフォード大学の数学史家リヴィエル・ネッツ（一九六八―）は、著書『ギリシア数学における演繹の形成』（*The Shaping of Deduction in Greek Mathematics*, 1999）のなかで、演繹が、歴史的に「形成（shape）」されたものであることを強調しながら、その過程を鮮やかに描写している。

この本のなかで彼は、残された文献をただ読み解くだけでなく、背景にある数学者の「行為」に迫っていく。古代ギリシアの数学者の思考を支えると同時に、束縛もしていた物質的、歴史的、文化的な条件とは何か。古代ギリシア数学者たちが暗黙裡に共有していた「practice（実践、行為、慣習）」とはどのようなものだったか。こうした問いを糸口としながら、古代ギリシアで演繹が成立したメカニズムに肉迫していくのだ。

演繹は、人間の生得的な能力ではなく、歴史的に形成された技能（スキル）だ――そう考える彼は、古代の数学者たちの思考を脳の外で支えた、道具や習慣、社会のあり方に光を当てていく。既存の認知科学にも、歴史学の範疇にも収まらないこの試みを彼は、「認知歴史学（cognitive history）」と名づけている。

　脳の外で思考を支える「実践」の次元において、数学の推論を支えるメカニズムを解明していくこと。これは、実に魅力的なプログラムである。とはいえ、いまに伝わる古代の数学文献は、どれも不完全かつ断片的なので、残された手がかりはわずかしかない。ましてや、文字に記録されない「実践」に迫るとなれば、なおのこと困難は目に見えている。それでも彼は、地道で丹念な史料の分析を通して、古代ギリシア数学の生きた実践の風景を、驚くべき鮮やかさで甦らせていく。

　彼がまず明らかにするのは、作図された「図」と、口語による「定型表現」が、いかに古代ギリシアの数学者の思考を形作っていたかだ。これはすでに拙著『数学する身体』でも紹介したことだが、古代ギリシア数学において、数学者の思考は文と図を横断していた。それ自体では曖昧な図の意味を、確定させる役割を言葉が担い、逆に、言葉を追うだけではたどることが難しい推論の連鎖は、図の上でじかに遂行された。図や言葉という、手元にある認知資源を巧みに駆使しながら、古代の数学者たちは幾何学的思考の特殊な世界を切り開いていったのである。

ギリシア数学は実際、「特殊」な営みだった。それは、当時ギリシアにおいて、いかにわずかの数学者しかいなかったかが物語っている。アルキメデスやアポロニウスらが活躍した古代ギリシア数学の全盛期でさえ、「東地中海に薄く分散していた」数学者たちは、合わせてもせいぜい百人程度だっただろうとネッツは見積もっている。

何しろ、アルキメデスほど偉大な数学者でさえ、自分の著作を書き送るに値する相手も、読んでもらうにふさわしい読み手にも出会えずにいたのだ。

ネッツは次のように記す。

ギリシア数学は、アマチュア独学者のアドホックな繋がりに支えられた営みだった。(……)(ギリシア数学について考えるとき)「科学的な専門分野」という期待は捨てなければならない。むしろ、「知的なゲーム」という方が実態に近いだろう。

現代の私たちのギリシア数学のイメージは、現場の数学者ではない人たちによって作られたものだ。たとえばプラトンは、数学を知らない者をみずからの学園に立ち入らせないほど、数学を高く評価していた。こうした彼の見方は後世に大きな影響を残すが、彼のこうした数学観自体、いわば「原作」に対する「映画版」とでも言うべきもので、必ずしも当時の数学の現実を忠実に再現してはいないとネッツは指摘する。

「映画版『数学』」を、感動的な映像(ヴィジョン)に仕上げたのはプラトンである。この映像は長く西洋文化に取り憑(つ)き、「映画版に基づく原作の理解」へと、くり返し西洋文化を連れ戻し続けた。

では、「映画版」ではない、古代ギリシア数学の「原作」は、どのようなものだったのだろうか。これを明らかにするのは簡単ではない。何しろ、原作は物理的にはもう存在しないから、残された写本を相互に比較参照しながら、丁寧な文献解読を通してじわりじわりと迫るほかない。このためにネッツは特に、それまであまり顧みられなかった「図の校訂」に情熱を傾けていく。文字に残された記録だけが、ギリシア数学の現実ではないと彼は考えたのだ。図は、それを描いた数学者たちの身体の延長である。そう信じて彼は、「映画化」によって歪(ゆが)められる前の数学の原風景へと迫っていくのだ。

演繹の代償

地道な探究の果てにネッツは、一つの重大な洞察を得る。映画化される前のギリシア数学は、映画版が語るよりはるかにニッチで、特殊な営みだったのではないか。だが、まさにその特殊性こそ、演繹の形成を可能にしたのではないかというのだ。

彼は、古代ギリシア数学の典型的な証明のいくつかを取り上げ、その構造を可視化する試みをしている。可視化の方法は簡単である。たとえば、

(1) $a=b$
(2) $b=c$
(3) ゆえに $a=c$
(4) $c>d$
(5) ゆえに $a>d$

といった短い論証の場合は、[図11] のように証明の構造を描ける。この例の場合、証

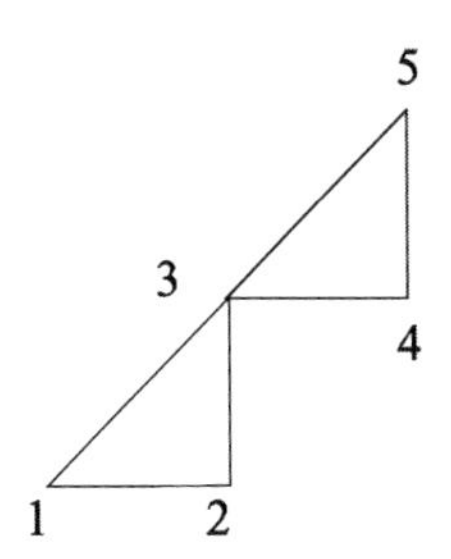

図 11　演繹的な証明のステップの可視化

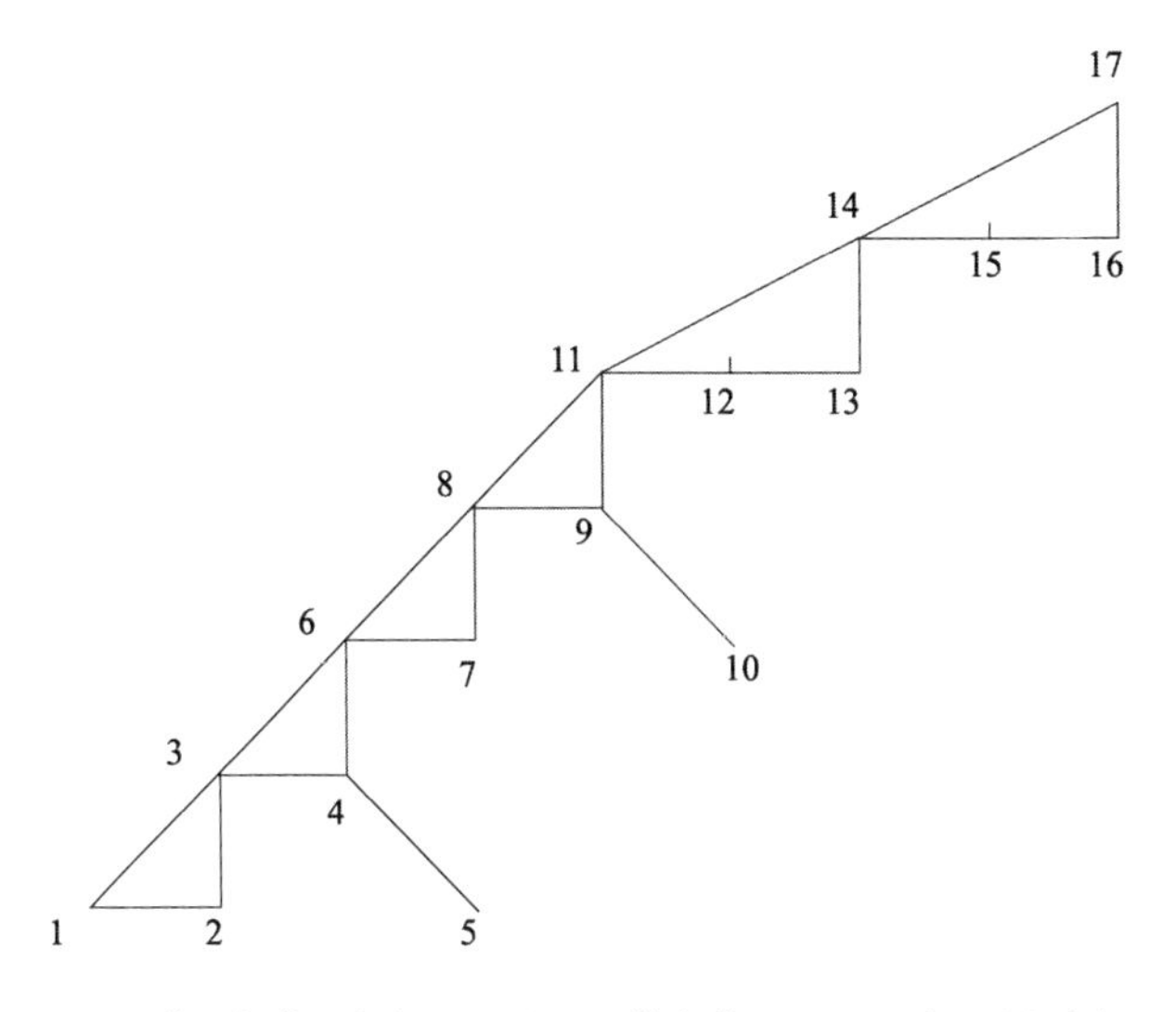

図 12　『原論』第二巻命題五の証明の構造。[Netz 1999]p.203 より

明は大きく分けて、(1)・(2)→(3)、(3)・(4)→(5)という二つの論証の組から構成されているとみなせる。論証のまとまりは、仮定を底辺として結論を頂点とする三角形によって描き出される。

この方法で、たとえば『原論』第二巻命題五[2]の証明を図示してみたのが[図12]だ。証明は、左下から右上に向かって、いくつもの三角形が並んだ構造をしている。二箇所だけ右下に「ヒゲ」が伸びているところがあるが、ここは結論を述べた後に理由を説明している箇所で、二つのヒゲを除けば、あとは真っ直ぐ三角形の列がひたすら連なっている。これが、ギリシア幾何学の証明の典型的な「姿」なのである。

もちろん、ギリシア数学の証明のすべてが、これほど整然とした構造を持つわけではない。たとえばアルキメデスの『方法』命題一の証明の構造をネッツは[図13]のように図示している。これは、仮想の天秤(てんびん)を使って放物線の切片の面積を求めるアルキメデスの代表的な定理の一つで、面積を求めるのに仮想的な天秤を使うという大胆なアイディアに意外性がある。[3]

ただ、アルキメデス自身もまた、この議論を正式な「証明」とはみなしていなかったようだ。[4]緻密に論証をすることより、発見を劇的に披露する方にこそ、ここでは関心があったのだろう。感動を与えるためには(あるいは相手を感心させるためには)、あえて単

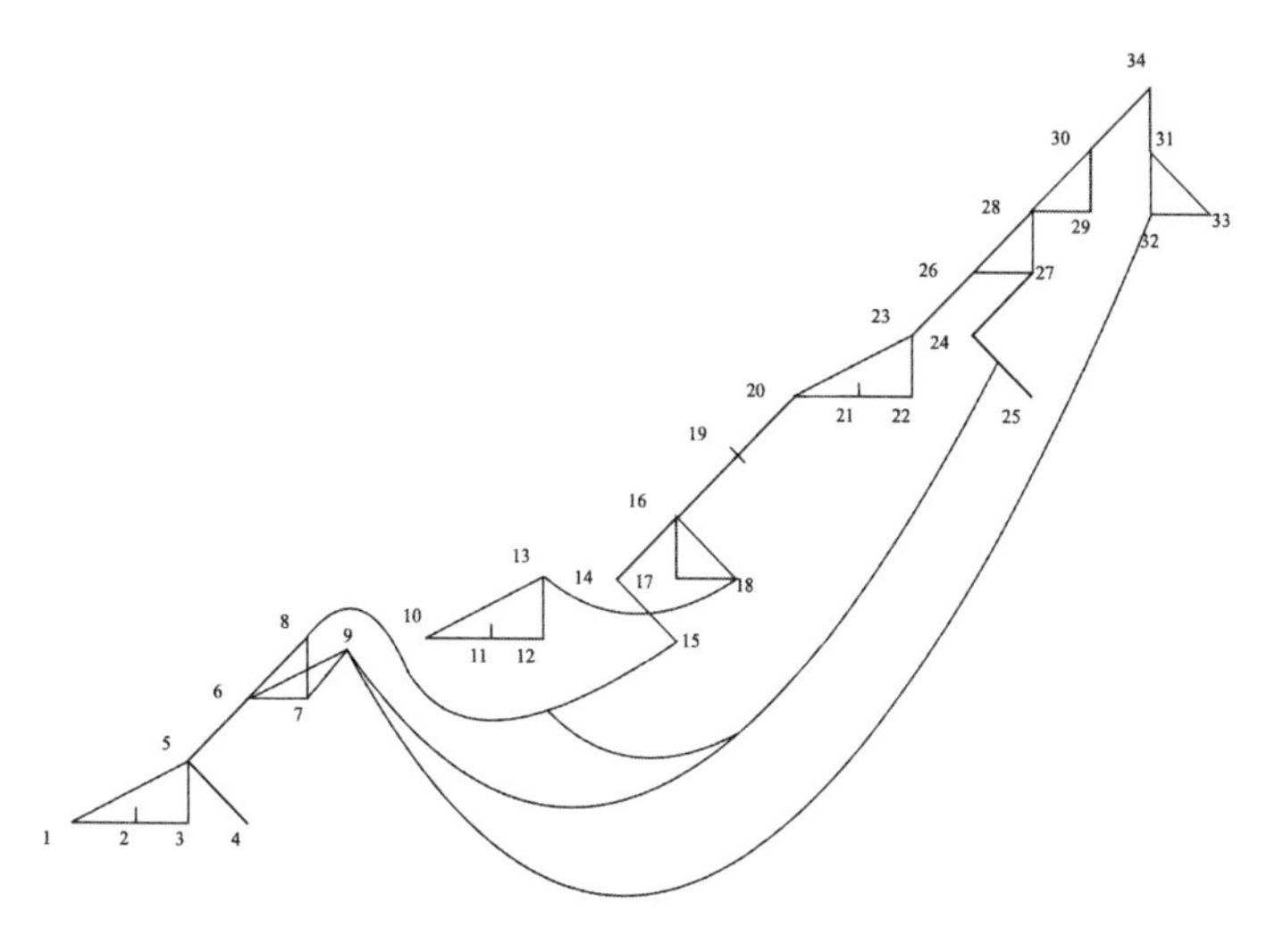

図 13　アルキメデスの『方法』命題一の証明の構造。[Netz 1999]p.212 より

調ではない形に議論を編み直し、意外性を強調することがときに有効になる（アルキメデスは同じ命題のもっと「幾何学的な」証明を別の著書で発表している）。

こうしたいくつかの例外を除けば、ギリシア数学の論証の大部分は、［図12］のように、単調で整然とした構造をしている。だがどうして、これほど整然とした構造なのだろうか。この理由についてネッツは、ギリシア数学が「推移的な関係」を主として扱っていた事実に注目している。推移的な関係とは、AとB、BとCの関係が、AとCの関係に帰結するような関係である。

たとえば、A＜BとB＜Cという二つの関係からは、必ずA＜Cという関係が帰結する。したがって、「大小関係」は、推移的な関係の例と言える。

実世界においては、このような推移性が成り立たない関係の方が多い。たとえば、AがBを愛し、BがCを愛しているからといって、AがCを愛しているとは限らない。［図12］のような整然とした論証の構造は、古代ギリシア数学特有の人工的な設定からこそ浮かび上がってくるものなのだ。

ネッツは次のように書く。

> ギリシア数学の論証の背景にある理想は、真っ直ぐで途切れることのない説得の

行為だ。皮肉なことに、この理想は、数学的な議論があらゆる文脈から抽象されて、実生活における説得から切り離された人工的な作業になり変わったとき、初めてより完全な形で達成されるのだ。

真っ直ぐで途切れない説得の行為——その理想を『原論』は体現している。そしてこの理想が、中世から近代にかけて、ヨーロッパの多くの人たちに影響を及ぼす。だがそれは、説得が本来機能すべき「あらゆる文脈」からの離脱という大きな代償を払った上で初めて成り立つ理想だったのである。

Ⅱ　幾何学の解放

『原論』とイエズス会

『原論』が本格的に西欧にもたらされたのは意外にも遅く、ようやく十二世紀になってからだ。というのも、東西ローマ分裂後、ギリシアの学術の大部分は東方のビザンティン文明圏に流れ、ラテン語を用いるローマ世界にはほとんど継承されなかったからである。他方、中世アラビアでは早くも九世紀初めから『原論』がアラビア語訳され、数学の教育や研究の必須文献になっていた。

西欧文明はアラビア世界を介して初めて、本格的に『原論』と出会えたのだ。アラビア語からラテン語への大翻訳運動が起こった十二世紀以前の西欧では、せいぜい第一巻の定義、公準（こうじゅん）、公理と若干の命題を含むだけのきわめて断片的な内容しか知られていなかったという。ギリシア文明と西欧文明が決して素直に「連続」しているわけではないと、あらためて思い知らされる事実である。

それまで文明史の辺境にいた西欧世界は、十二世紀にアラビア世界を通してにわかに当時一級の学術に触れたのだ。「十二世紀ルネサンス」と呼ばれるこの時代に、『原論』全十三巻のラテン語訳も初めて編まれた。以後、『原論』は科学や哲学のあり方に甚大な影響を与える書物として、西欧世界に浸透していく。

『原論』の整然とした演繹の体系は、ローマ・カトリック教会が統（す）べる西欧世界にとっては、数学にとどまらない象徴的な意味を持つに至る。『原論』が体現する古代幾何学の世界を、カトリック教会が理想とする神聖な秩序の模範と考え、これをイエズス会の教育カリキュラムの中枢に据えるために尽力したのは、十六世紀を代表する数学者であり、イエズス会士でもあったクリストファー・クラヴィウス（一五三八—一六一二）である。[5]

クラヴィウスは、グレゴリオ暦の導入に際して、中心的な役割を果たし、その業績を評価されて世に躍り出た人物だ。新暦の導入以前に使われていたユリウス暦では、一年が太陽年（太陽が天空の同じ位置に戻るまでの時間）よりおよそ十一分長いという問題があった。このわずかなズレが千二百年以上にわたって蓄積した結果、十六世紀には暦の不具合が無視できないレベルにまで顕在化していた。特に、「春分の日の後の最初の満月の日」と決められていた復活祭の日取りは、暦上と天文学上の春分の日のズレによって、すでに少なからぬ混乱をきたし始めていた。あらゆるキリスト教の行事はユリウス暦によっていたから、キリスト教圏における生活の秩序自体が、「暦の不確かさ」に脅かされつつあったのである。

改暦が急務だった。そこで、この重大な任務の助言役として、若きクラヴィウスに白羽の矢が立った。クラヴィウスはここで、天文学と数学の知識を存分に発揮しながら、見事に責務を果たした。改暦は成功し、カトリック教会の威信は守られた。このときの仕事ぶりによって、教会の信頼を得たクラヴィウスはその後、教会における数学の地位向上のために、人生をかけていくことになる。

改暦の成功をもたらしたのもまた、数学の力であるとクラヴィウスは信じた。宗教戦争の嵐が吹き荒れるなか、教義についての論争にはいつまでも終わりがないが、厳密な数学的計算に支えられた新暦の正確さは、誰にも否定することができなかったのである。

実は、クラヴィウスは改暦委員会に参加する前年、自ら膨大な注釈を付した『原論』のラテン語訳を刊行している。『原論』の詳細な研究を通して彼は、数学には立場や信念の対立を超えて、人を納得させる強烈な力があることを知り抜いていたのだ。

数学のこの力を実際、まざまざと示したのが改暦の成功だった。プロテスタントの君主たちでさえ、最終的には新暦の正確さを否定できなかったのだ。

このように数学は、宗教戦争の混乱に、再び秩序を取り戻す力になり得る。だからこそ数学は、付け足し程度の教養や技術としてではなく、イエズス会士を育てる教育プログラムの中核として教え、学ばれるべきである。改暦の成功に伴い、イエズス会内部で盤石(ばんじゃく)の地位を得たクラヴィウスはこのように考え、教育改革に乗り出していくのだ。

改暦完了の直後、彼は『当修道会の学校における数学の地位を向上させる方法(*Modus quo disciplinas mathematicas in scholis Societatis possent promoveri*)』と題した文書を著し、数学の地位向上のための具体的な提言をしている。クラヴィウスのしぶとく、地道な活動は着実に効果を現し、十七世紀の初頭には、イエズス会が西欧の数学研究をリードするまでに変貌していた。

ところで、イエズス会の修道士たちが最も恐れたのは「多様性」や「革新性」など、現代ではむしろ善とされる価値であった。ローマ教会が統べる世界の平和に混乱をもたらしたのは、ヨーロッパに吹き荒れる宗教改革の嵐とともに蔓延した多様で新しい価値観だったからだ。イエズス会は、この混乱に立ち向かい、再び世界に秩序を取り戻そうと結束した集団である。彼らは、多様な価値のもとで議論を交わす民主主義は認めなかった。そんな彼らが、民主政の土壌のなかから生まれた『原論』を重宝したことは皮肉と言えば皮肉だ。彼らの目にはローマ教会の権威と同じく、『原論』もまた、揺らぐことのない不変の真理を体現する保守的な著作に見えたのだろう。

クラヴィウスは『原論』ラテン語訳に付した「序説」のなかで次のように記す。

「ユークリッドの定理は、他の数学者の定理と同様、幾世紀も前にかつて教室でそうであったように、それらの論証が安全であるのと同様に、今日でも純粋に真理である」（訳は佐々木力『デカルトの数学思想』より）

遠い過去から変わらぬ純粋な真理――古代ギリシアの数学は、ヨーロッパキリスト教文明の土壌のなかで、神のもと、新たな輪郭を帯びていったのである。

デカルトの企図

クラヴィウスのカリキュラムが生んだ最大の数学者はルネ・デカルトである。彼は、イエズス会の名門ラフレーシュ学院(コレージュ)に八年半通い、そこで数学を学んだ。十六世紀後半のローマから波及したイエズス会による教育の波が、ちょうどフランスまで届き始めた頃のことである。

少年デカルトは、クラヴィウスが心血を注いで開発したカリキュラムにしたがい、最先端の優れた数学教育を受ける機会に恵まれた。それは、単なる技術や知識としての数学ではなく、よく考え、よく生きる人間を育てることを願って、学院が子どもたちに授けた数学だった。

デカルトはここで、数学以外の学問も一通り学んだ。しかし、「とりわけ数学が、その推論の確実さと明証さとのゆえに気に入っていた」と、『方法序説』のなかで述懐している。同時に、数学の「基礎がたいへんしっかりとしていて堅いにもかかわらず、その上にもっと高いものが何も建てられなかったことに驚いた」とも打ち明けている。[6]

数学の確実さと明証さに心奪われ、その影響を数学以外にも及ぼしたいと考えたのはデカルトもクラヴィウスと同じだったが、デカルトは、数学をよい思考の「手本」とするだけでは満足できなかった。彼は、数学的な思考の本質を方法として取り出し、それを他の学問にも適用していきたいと願った。保守的なクラヴィウスにとっては、数学を改革することなどもってのほかだっただろうが、数学に潜在する可能性を引き出すために、必要とあれば数学をつくりかえることすらいとわない大胆さがデカルトにはあった。

ただ漠然と理解し、曖昧に納得するだけでなく、確実で、明らかだと確信しながら、厳密に何かを知ることができる。『原論』が体現していたのは、このような特異な認識の可能性だった。デカルトの野望は、幾何学が体現するこうした認識の可能性を、既存の幾何学の外にも通用する方法へと洗練させて、これをもとに「新しい学問」を生み出すことであった。

この野望は、彼が二十三歳のとき、敬愛する科学者イサーク・ベークマン（一五八八—一六三七）に宛てた手紙のなかで披露されている。ここでデカルトは、いかなる量に関する問題も、一般的に解決してしまうような「まったく新しい学問を作り出したい」

とベークマンに打ち明けている。古代の数学者たちのように、個々の問題をバラバラに解くのではなく、あらゆる問題を体系的に解決できるような、普遍的な方法を確立したいというのだ。これは、本人も認めるように「途方もなく野心的な」企てである。だが、彼はその後、長い年月をこの企てに捧げた。

探究の道のりは平坦ではなかった。幾何学的な認識の厳密さを維持しながら同時に、その適用可能な範囲を拡張していくには、そもそも幾何学的な認識に固有の厳密さとは何か、また、それが何に由来するのかを正確に見極める必要があった。

古代ギリシア数学において、研究の対象は作図によって与えられていた。とすれば、幾何学的な認識の厳密さは結局、作図行為の厳密さに基づくはずだ。実際、『原論』では定規とコンパスを使って作図できる図だけが、正当な図として認められていた。十六世紀のヨーロッパにおいても、直線や円の作図が、幾何学の基本的な操作として正当なものだという考えに疑いを挟む数学者はなかった。[7] こうした伝統を踏まえ、定規とコンパスの利用から逸脱しない限り、数学的認識は「厳密」だと、誰もが安心して信じることができたのである。

だが、定規とコンパスだけでは解けない重要な問題がいくつもあることもまた、古代から知られていた。特に、「三大作図問題」と呼ばれる「円積(えんせき)問題（与えられた円と同じ面積の正方形を作図する問題）」「立方体倍積問題（与えられた立方体の二倍の体積の立方体の一辺の長さを求める問題）」「角の三等分問題（与えられた角の三分の一の大きさの角度を作図する問題）」はどれも、定規とコンパスだけでは解けないと経験的に知られていた。こうした問題を解くための工夫のなかから、定規とコンパスでは描けないいくつもの新たな曲線も、古くから考案されていた。

では、定規とコンパスだけでは作図できない曲線のうち、どこまでが幾何学の正当な対象で、どこからがそうでないかと言えば、これは難しい問題である。そもそも、直線や円も、定規やコンパスという器具を使わなければ作図できず、器具を使って現実に描かれる直線や円は、わずかなりとも描くたびに誤差を孕む。完全に「厳密」な図などあり得ないのだ。

とすると、直線や円だけがなぜ確実な認識の根拠となり、そのほかの器具を使って描かれる図はそうでないと言えるのだろうか。あるいは、直線と円以外にも厳密に認識できる曲線があるとするなら、それはどのような基準によって、そう言えるのだろうか。「厳密に何かがわかるとはどういうことか」「確実な認識を支える方法とは何か」こうした哲学的な問いが、デカルトのその後の数学研究を駆動していく。そして、その過程で彼は、幾何学を深く理解するためには、「代数」を避けて通れないと学んでいくのだ。

幾何学において代数を用いる発想自体は、デカルトのオリジナルではない。その可能性はフランスのフランソワ・ヴィエト（一五四〇―一六〇三）によって組織的に追究されて以来、一五九〇年代以後、幾何学研究を駆動する「第一の原動力」ですらあったと、数学史家のヘンク・ボスは指摘している。[8] しかしデカルトにとって、代数的な方法は、単に数学の問題を解くための補助手段以上のものになっていった。

彼は、四世紀前半に活躍したアレキサンドリア生まれの数学者パッポスがその著作のなかで取り上げた、ある幾何学の問題[9]を解こうとするなかで、代数的な思考を経由することで初めて、幾何学的な「厳密さ」の基準を打ち立てられると覚(さと)っていったのだ。この境地がはっきりと表明されるのが、一六三七年の『方法序説』の本論の一つとして発表された著書『幾何学』である。

幾何学で認められる曲線とは、代数的な方程式で表現できる曲線であり、またこれらに限る――これが、デカルトが『幾何学』において到達した結論だった。ある曲線が、幾何学的な曲線と認められるか否かの基準は、どんな器具や手法で描かれるかではなく、その曲線に対応する（代数的な）方程式の有無で決められるべきだというのだ。幾何学の厳密さの根拠を「作図」の手続きに求める代わりに、代数的な「方程式」の存在に求めるこの視点は、その後の数学の流れを決定づけた。

実際、定規とコンパスの操作が厳密に同じ帰結をもたらすように、方程式の操作もまた、正しい計算の規則に従う限り、厳密に同じ帰結をもたらすのだ。とすれば、あらゆる器具のなかで、定規とコンパスだけをことさら特別視するのは不自然である。

デカルトの『幾何学』が浸透していくなかで、作図によってではなく、数式を計算することで幾何学ができる、という考えが定着していく。幾何学という営みのあり方が、こうして徐々に書き換えられていったのである。

古代の幾何学と同じ確実さで、かつての幾何学者たちよりもはるかに広範な対象について厳密な推論を遂行できる。これは若きデカルトが思い描いていた「新しい学問」そのものではなかったかもしれないが、彼の哲学の野心的な企図が、結果として数学の風景を、大きく変貌させたのである。

Ⅲ　概念の時代

デカルト以後、幾何学は伝統の呪縛を解かれ、西欧数学固有の新たな領野が開拓されていく。とはいえ、数学が「数」や「量」あるいは「空間」についての直観に依存した学問である点はその後も変わらなかった。この状況がにわかに大きく変化し始めるのは、十九世紀になってからだ。

直観に訴えない

「変化」には様々な要因があった。数学内部の事情はもちろん、数学の外からの影響もあった。実際、十八世紀と十九世紀の境目に、数学研究を支える制度の大変動があったのだ。特に、数学者が教授として大学で講義をしたり、教科書を書いたりするようになったことが、十九世紀の数学のあり方を大きく変えた。

十八世紀までの数学者たちは、王族や貴族の庇護(ひご)のもと、アカデミーなどに所属して研究に没頭するスタイルが一般的だった。レオンハルト・オイラー（一七〇七―一七八三）やジョゼフ゠ルイ・ラグランジュ（一七三六―一八一三）らが活躍したベルリンのアカデミーや、同じくオイラーやダニエル・ベルヌーイ（一七〇〇―一七八二）を擁したサンクトペテルブルクのアカデミーなどが、十八世紀の数学研究のメッカだった。ところが、フランス革命をきっかけに、こうした状況が一変していくのだ。

フランスでは、革命のあと、それまで学問を担っていたアカデミーが閉鎖に追い込まれ、代わりに、強い国家を作るための実用的な数学研究が奨励された。数学者は研究者であると同時に、教育者としての役割を果たすことが期待されるようになった。結果として、教科書の厳密さや、講義の体系性などを追求せざるを得なくなっていくのだ。

こうした流れは、数学の様々な概念についての根本的な反省を促す結果にもなった。それまで直観に訴えることで暗黙のうちに共有されていた様々な概念――たとえば、「極限」や「収束」「連続性」「微分可能性」、あるいは「実数」などの概念について、曖昧な直観に訴えるのとは別の仕方で、厳密な定義を与える必要が出てきたのである。

不特定多数の学生に数学を教える場合、直観的な理解を漠然と分かち合うより、厳密な規則を正しく共有する方が、現実的で効果的な場合がある。数学者が学生に講義するようになったことで、様々な概念を論理的な規則のレベルで再定義していく流れが後押しされた。

他方でこれは、単に効果的に講義を進め、よい教科書を著すためだけの工夫ではなかった。数学者の研究対象が複雑で入り組んだものになるにしたがい、直観的で曖昧な概念のままでは太刀打ちできない問題が出てきたという数学内部の事情もあった。

たとえば、関数の「連続性」という概念を一例として挙げてみよう。「関数 $y=f(x)$

が$x=a$で連続である」とは、直観的には「$f(x)$のグラフが$x=a$で切れていない」ということである。現在の高校の数学の範囲ではこれが、「xがaと異なる値をとりながらaに限りなく近づくとき、$f(x)$が$f(a)$に限りなく近づくこと」といった形で定義されるが、「限りなく近づく」という表現は、あくまで直観に依拠したものであって、現代数学の基準からすると十分に厳密とは言えない。

高校の数学の範囲であれば、右の「定義」で十分かもしれないが、グラフが絵にできないほど複雑な関数の場合、このままでは関数の連続性を確かめる方法がないのだ。数学の発展に伴い、曲線として容易に視覚化できないような、奇妙な関数についても、連続性や微分可能性について考察する必要が出てくると、従来の定義では不十分になった。

十九世紀初頭における数学のこうした状況を、数学史家の斎藤憲（一九五八―）は次のような印象的な比喩を使って解説している。

数学という畑の土は、以前とは違って天然ものの木の鋤では歯がたたないほど固いものだったのです。木の鋤で掘り起こせるところまでは、すでに一八世紀の数学者が掘り起こして一仕事終えてしまっていて、一九世紀の数学者は形式的定義という名の鉄の鋤を作って数学という畑の固い土を掘り起こすことを余儀なくされた、というわけです。[10]

数学者たちは「固い土」に対抗すべく、道具を磨いた。たとえば十九世紀を代表する数学者の一人であるカール・ワイエルシュトラス（一八一五―一八九七）は、一八六一年に開講されたベルリン大学での講義で、関数の連続性を次のように定義した。

aの近くで定義された関数$f(x)$において、任意の正数ϵに対して、適当な正数δが存在して、

$0<|x-a|<\delta$ならば$|f(x)-f(a)|<\epsilon$

が成り立つとき、関数$f(x)$は$x=a$で連続である。

この定義は一見しただけでは、意味不明な印象を与える。だが、いまやこれこそ、現代数学の典型的な定義なのだ。

高校の教科書にある定義とは違って、この定義はまったく直観に訴えかけてこない。直観に訴えかけるような言葉を使う代わりに、「任意の」「存在」「ならば」など、論理的な言葉ばかりが並ぶ。だが、こうした冷たく、不愛想な定義によって初めて、すべて

の人が関数の連続性の有無を、同じ規則のもとで機械的に確かめることができるようになる。定義が意図する「意味」が把握しにくくなる代わりに、逆に、論理的な規則に身を委ねさえすれば、連続性についての正しい判断が、誰にでも確実に下せるようになる。

高校時代まで数学が得意だったのに、大学に入るとこうした直観に訴えかけない定義のオンパレードになり、にわかに数学嫌いになる人もいる。高校までの数学は大部分が十八世紀以前の内容のため、数式と計算が中心である。ところが、大学以後は概念と論理が前面に出てくるため、結果として、わかりきっていたはずのことをわざわざ難しく言い直されているような印象になり、戸惑う人が続出するのだ。

だが、現代数学のこうした定義は、数学を難しく、退屈にするためのものではない。定義に直観的な要素を混入させないことで、かつてない精度と厳密さで概念を扱えるようになるのだ。

数学の諸概念を厳密に確立し直していく動きは、十九世紀を通じて次第に先鋭化していく。ついには「数」や「空間」など、最も基本的な概念すら、直観を排除した形で定義していくための試行錯誤が始まる。

こうした動きの渦中で、現代数学の新たな流れを牽引していくのが、十九世紀後半のドイツの街ゲッティンゲンで活躍した数学者ベルンハルト・リーマン（一八二六―一八六六）である。

リーマンの「多様体（たようたい）」

リーマンは、現代数学にとって不可欠な概念をいくつも生み出した数学者である。リーマン積分、リーマン面（めん）、リーマン多様体、リーマンゼータ関数……。リーマンの存在を抜きにして、現代数学を語ることは不可能なほど、彼が数学史に残した足跡は大きい。

リーマンの数学は、関数論、積分論、代数幾何学、微分幾何学など、あらゆる分野に及ぶが、生前の彼の名を同時代の数学者たちに知らしめたのは、何よりもまず関数論における目覚ましい功績だった。

十九世紀の前半には、フランスのオーギュスタン゠ルイ・コーシー（一七八九―一八五七）がすでに、複素関数の研究で目覚ましい成果をあげていた。ここに複素平面のアイディアを持ち込み、幾何学的な観点から、個々の数式を見るのとは違う関数論へのアプローチを開拓していったのがリーマンなのだ。

実数 x に別の実数 $y=f(x)$ を対応させる関数のことを「実関数」と呼ぶ。ここで、実数が数直線上に並んでいると考え、変数 x を横軸に、関数の値 $y=f(x)$ を縦軸に描けば、関数の様子を「グラフ」として平面に描き出すことができる。これは、高校時代の数学の授業で学んだ記憶がある人も多いだろう。

他方、複素数 z に別の複素数 $w=f(z)$ を対応させる「複素関数」を考えるときには、「x軸、y軸」の代わりに「z平面、w平面」を考える必要がある。実関数のグラフが、二つの「軸」をかけあわせた平面内に描き出されたとすれば、複素関数の「グラフ」は、二つの「平面」をかけあわせた四次元空間のなかに描き出される。ところが、四次元空間に浮かぶ「グラフ」を思い浮かべることは、リーマンのような数学者にとってすら困難である。

では、どうすればいいのだろうか。

「複素一変数関数の一般論の基礎」(Grundlagen für eine allgemeine Theorie der Functionen einer veränderlichen complexen Grösse, 1851)と題した学位論文のなかでリーマンは、こうした複素関数の理解は「空間的直観に関係づけることで容易になる」と指摘している。具体的には、z平面と w平面をそれぞれ別々に考え、複素関数 f によって、z平面の点 z が、w平面の点 $f(z)$ に移る様子を思い浮かべてみよ、というのだ[図14]。このとき、変数 z が z平面を連続的に動き回ると、それに対応して $w=f(z)$ もまた、w

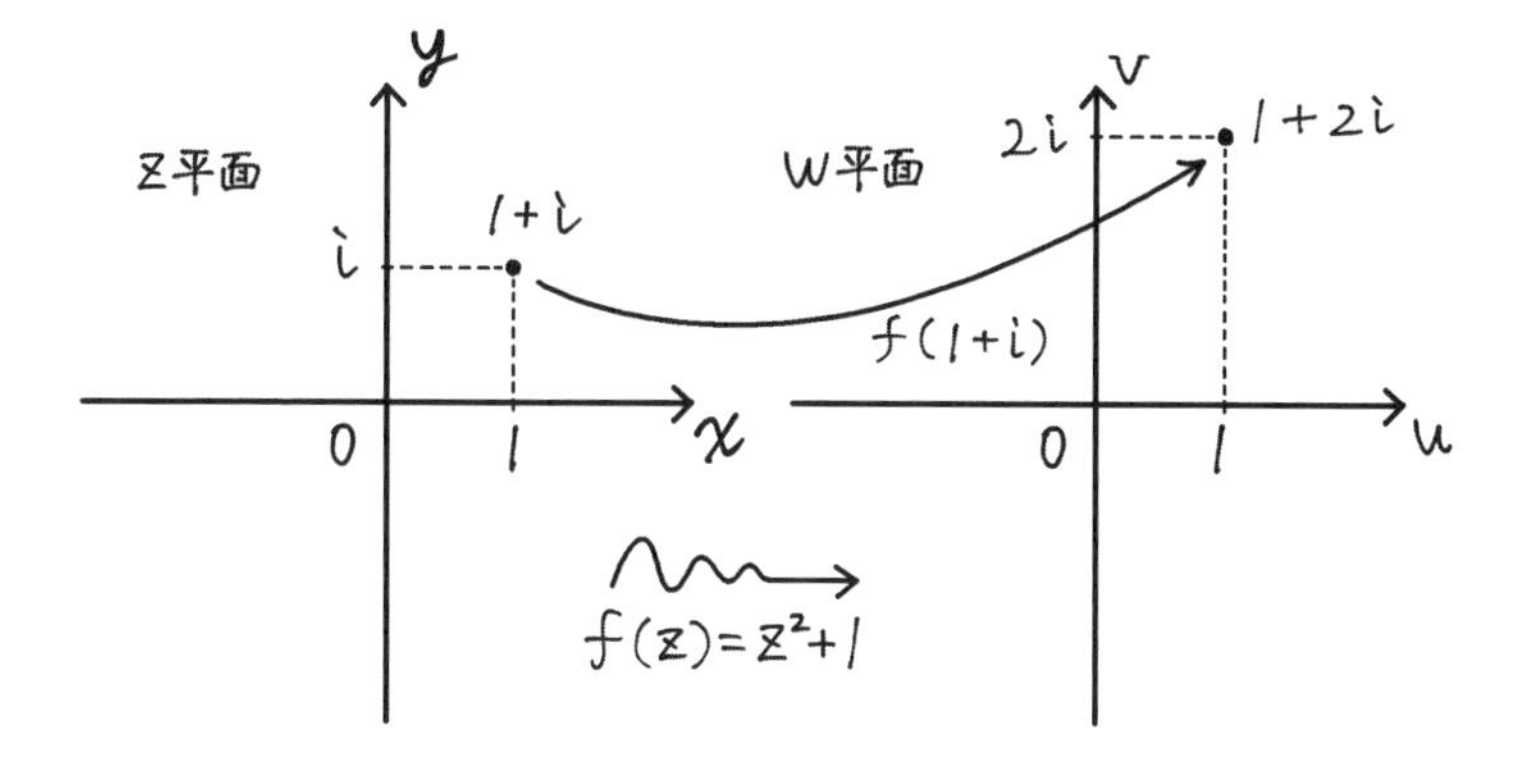

図 14　z 平面の各複素数 z に、別の複素数 $w = f(z)$ を対応させる複素関数 f は、z 平面から w 平面への「写像」として理解することができる。たとえば、z 平面にある複素数 $1 + i$ は、関数 $f(z) = z^2 + 1$ によって、上のように w 平面上の複素数 $1 + 2i$ に移る

平面に連続的な軌跡を描く。

リーマンはこのように、平面上の点の動的な対応として、関数を理解しようと提案した。関数を単なる式と見るのではなく、平面間の「写像（しゃぞう）」と捉える視点はいまでこそ常識だが、もとをたどればリーマンの独創なのである。[11]

関数の理論を複素数の世界にまで拡張すると、それまで隠されていた「調和と規則性が姿を現す」とリーマンは語る。私自身、大学で数学を学び始めたとき、最初に味わった感動の一つが複素関数論との出会いだった。これまでただバラバラに存在しているだけのようであった関数たちが、複素数の領域まで視野を広げていくと、一つの調和した世界を織りなしていることがわかる。直観だけでは決して届かない場所に、関数たちの真の「居場所」があったのだと知り、心が躍った。

複素関数論の建設はしかし、多くの困難を孕む大事業だった。まず、複素関数に固有の課題として、関数の「多価性」の問題が浮上してくる。一つの変数 z に対して、$f(z)$ が二つ以上の異なる値を取る関数のことを「多価関数」と呼ぶ。たとえば、$f(z)=\sqrt{z}$ という関数、すなわち、複素数 z に対して「二乗すると z になる複素数」を対応させる関数を考えると、0でない z に対して $f(z)$ は常に二つの異なる値を取る。一つの変数 z に対して、ちょうど一つの $f(z)$ が定まるという関数の「一価性」が崩れるこの現象は、実関数の場合には大きな問題を引き起こさない（右の例であれば「平方根としては正の実数をとる」と決めておけばいい）が、複素関数の場合には本質的な問題として浮上してくるのだ。[12]

リーマンはこの問題を解消するために、「リーマン面」の概念を考案した。関数は、複素平面内の領域ではなく、複素平面の上に幾重にも広がった面（$f(z)=\sqrt{z}$の場合には二重に広がった面）の上に定義されるというのだ。複素平面上の関数と見たときには多価性を持つように見えた関数が、新たな「面」の上では一価関数になる。

リーマンは、一八五七年の論文のなかで、複素平面と「ぴったり重なりあうもう一枚の面」、あるいは、「ある限りなく薄い物体」が、複素平面の上に「広がっている状勢を心の中に描いてみよう」と提案している。[13]「限りなく薄い物体」の「物体」とは何か、と詮索するのは無駄である。この時点でリーマンはまだ、この概念を厳密に定義する言葉すら持っていなかったからだ。

リーマン面の形式的な定義が確立するのは、リーマン自身の着想から半世紀以上も後のことである。ゲッティンゲン大学でリーマンの数学を継承したヘルマン・ワイル（一八八五―一九五五）が、著書『リーマン面』（*Die Idee der Riemannschen Fläche*, 1913）でこれを成し遂げた。

それまでリーマン面に対する数学者の理解は、厳密な言語化以前の段階にとどまっていたのだ。ワイル自身の証言によると、同じくゲッティンゲン大学で活躍した数学者パウル・ケーベは、講義中に「手を使った奇妙なジェスチャー」でリーマン面を「定義」していたという。[14] リーマン面のアイディアは、厳密に定式化される以前は、こうした身体的なコミュニケーションによって共有するしかなかったのである。

リーマンは、みずからの数学的経験を通して、厳密に定義することすらできない「面」を幻視したのだ。しかも、その仮想的な面を足がかりとして、関数論の未知の領野を切り開いていった。これは、数式を力ずくで変形して公式を導き出していくタイプの数学とはまったく異なるアプローチである。数式の背景で働く原理を「概念」として取り出し、関数論のからくりをそこから説き明かしていくのだ。そのやり方を「奥義」などと呼んで揶揄し、不信の目で見る数学者もいた。[15] だが、公式の発見や、単純な問題解決ではなく、現象を鮮やかに説明するための「概念による思考（Denken in Begriffen)」[16] こそ、リーマンの数学の真骨頂なのである。

リーマンは実際、様々な新しい概念を生み出していった。その探究は、数学を支える最も根本的な概念の一つ、すなわち、それまで所与とされてきた「空間」の概念にすら先立つ、さらに根源的な概念の把握へと向かっていった。

それまで、空間の概念を数理的に正しく表現しているとみなされていたのが、ユークリッドの幾何学である。だからこそ、『原論』で証明されている定理たちは、永遠不変の真理を体現していると考えられていたのだ。ところが、ユークリッドが証明した幾何学の定理が、実はそれほど強固な基盤の上にあるわけではないことが、十九世紀になると次第に明らかになる。

実際、十九世紀の前半に、ハンガリーのヤーノシュ・ボヤイ（一八〇二―一八六〇）とロシアのニコライ・ロバチェフスキー（一七九二―一八五六）が、それぞれ独立に、『原論』第五の公準（平行線の公準）を仮定しない、新しい幾何学を見つけた。何千年もの間、揺るぎない厳密性を体現すると信じられていたユークリッドの幾何学は、唯一可能な幾何学ではなかったのである。

ガウスは、この新たな幾何学の可能性をいち早く洞察していた一人だ。そのガウスの大きな影響を受けながら、さらに大胆に幾何学の伝統からの解放を進めたのがリーマンだった。彼は、「空間」そのものの理解を更新することで、幾何学のそれまでのアプローチを根底から書き換えていったのだ。

リーマンは、空間に先立つ根源的な概念としての「多様体（Mannigfaltigkeit）」について論じた。リーマンの言う「多様体」とは、空間が距離や角度、曲がり具合などの計量的な性質を帯びる前の「広がり」そのものとして構想された。[17] これについて彼は、一八五四年の教授資格申請講演において、歴史に残る発表をしている。

「幾何学の基礎にある仮説について」（Über die Hypothesen, welche der Geometrie zu Grunde liegen）と題されたこの講演は、当時数学科が所属していた「哲学部」のメンバーを対象に開かれ、ガウスも出席者の一人として参加した。リーマンが候補として掲げた三つの主題のなかから、このテーマを選択したのもまたガウスであった。

ところで、リーマンはガウスと同じゲッティンゲンにいたものの、直接ガウスに学び、議論できるような機会はほぼなかったようだ。[18] というのも、ガウスは極端なまでに大学で講義することを嫌い、学生の前に姿を現すことが滅多になかったからである。高木貞治（一八七五―一九六〇）の『近世数学史談』には、一八二六年の書簡に記された次のガウスの言葉が紹介されている。

「虚空に漂う精霊の影を捉えようとして頭が一杯になっているさなかに講義の時刻が来る。飛び上るようにして、丸で違った世界へ心を向けかえねばならない。その苦しさは言語に絶する」

偉大なガウスのすぐ近くにいながら、リーマンはこのため、ガウスの数学を論文を通して学ぶしかなかった。だが、教授資格申請講演の現場には、ガウス本人がいたのだ。

数式がほとんど登場しないこの日の講演の記録を読むと、リーマンの関心が複素関数論や幾何学の枠にとどまらず、大きな哲学的構想を孕むものだったとわかる。実際、リーマンにとって科学とは、「精密な概念を通して自然を把握する試み」[19]であり、数学はそのために既存の概念を修整し、また、新たな概念を開発していく営みとして、哲学と切り離せないものであった。

十九世紀半ばまで、数学は「量」（独 Größe、英 Magnitude）についての科学だと常識的には考えられていた。たとえば、オイラーはその著書『代数学入門』（*Vollständige Anleitung zur Algebra*, 1770）の冒頭で、「数学は量の科学である」と明言している。では、そもそも「量」とは何かといえば、ぼんやりしていてとらえどころがない。長さや面積、体積、あるいは時間などを「量」の例として挙げることはできるが、厳密な定義があるわけではなかった。リーマンの「多様体」の概念は、この漠然とした「量」の概念に新しい光を当てようとするものだった。しかもそれは、哲学的な思弁の結果無理にこしらえられた概念ではなく、関数論の研究に導かれて、数学内部の要求に応えるなかから、自然に浮かび上がってきた概念なのだ。

彼はまず、複素関数についての研究の過程で「リーマン面」を構想するに至った。そこには、関数と、その関数が定義される領域の間の関係に注目するリーマンの独創的な視点の芽生えがあった。このとき、関数が定義される領域の性質のうち、肝心なのは、空間の計量的な性質に依らない「繋がり具合」（現代数学の言葉では「トポロジー」）であった。

そこでリーマンは、長さや角度、体積などを定義するための構造が与えられる前の一般的な「多様体」概念から出発し、そこに後から計量構造を添加していくことによって、具体的な空間を構成していくという、幾何学への新しいアプローチを構想するのだ。リーマンによれば、空間とは、経験を通して真偽を確認できる仮説的な構造を、多様体に添加していくことで少しずつ具体化していくものなのである。これは、空間概念の理解としてまったく斬新なもので、講演を聞いたガウスは興奮を隠せない様子だったという。

講演のなかでリーマンは語る。

「様々な規定法を許す一般概念が存在するところでだけ、量概念というものは成立可能である。これらの規定法のうちで一つのものから別の一つのものへ連続な移行が可能であるか不可能であるかに従って、これらの規定法は連続、あるいは離散的な多様体をなす」（『リーマン論文集』）

意味の取りにくい文章だが、ここで何を言おうとしているかは、次に彼が挙げる例が重要な手がかりになる。

連続的な多様体を生み出す概念の例の一つとして彼は、「色彩」を挙げる。「色彩」という概念について考えるとき、私たちは無意識のうちに、心のなかに様々な色を思い浮かべるだろう。それら色彩の全体は、ある空間的な「広がり」とともに、連続的なグラデーションをなす。概念に対応して想起されるこうした「広がり」を、リーマンは多様体という概念で摑もうとするのだ。この場合、黄緑や赤紫など、個々の色合いが、色彩という一般概念の「規定法」[20]に当たる。そして、こうした具体的な色の全体が、色彩という一般概念に対応する多様体をなすのだ。

「概念」と、ある種の「広がり」を対応させる発想の芽は、実はすでに伝統的な論理学における「概念の外延」という考えに現れていた。外延（英 extension、独 Umfang）とは、概念によって規定される対象の集まりである。たとえば、「10以下の素数」という概念の外延は、素数2、3、5、7からなる集まりであるし、「自然数」という概念の外延は、すべての自然数からなる集まりである。

イギリスの数学者ジョージ・ブール（一八一五—一八六四）は著書『論理の数学的分析』（*Mathematical Analysis of Logic*, 1847）のなかで「論理を可能にするのは、一般的な概念の存在、すなわち、クラスを想像し、その個々の要素を共通の名前で指示することができる能力である」と記している。

たとえば、「すべての人間は動物である」というとき、人間全体の集まりが、動物全体の集まりのなかに含まれている状況を思い浮かべることができる。概念に対応する「集まり（集合、クラス）」をこうして思い描く力が、概念を用いた論理的な推論を可能にする前提だとブールは指摘するのだ。

リーマンの発想の背景には、このような論理学の当時の常識があった。「色彩」が織りなす連続多様体というリーマン自身が挙げている例からも、彼の考える多様体が、概念の外延という考えと密接に関係していたことが読み取れる。

数学史家のホセ・フェレイロスはここから、リーマンの多様体のアイディアが、あらゆる「概念」を扱い得る数学的な土台として企図されたものであって、これこそ、後にリヒャルト・デデキントやゲオルク・カントールらによって確立されていく「集合」概念の起源だと、著書『思考の迷宮』（*Labyrinth of Thought*, 1999）で鮮やかに論じている。

ちなみに、「集合」と一般に訳される言葉は英語では「Set」、フランス語では「Ensemble」である。ドイツ語ではデデキントが「System」、カントールが「Menge」、あるいはリーマンの「多様体」と同じ「Mannigfaltigkeit」を用いた。こうした事情は、日本語に訳してしまうと見えなくなるが、名称の揺れと多様さからも、集合概念の確立までの紆余曲折と、概念間の密接な相互関係を窺い知ることができる。リーマンの多様体は、関数論や幾何学における重要な道具であるのみならず、現代数学を支える「集合」概念の芽として、数学全体の基礎づけにかかわるアイディアでもあったのである。

仮説の創造

ハノーファー王国ダンネンベルク近郊の小村で、牧師の子として生まれたリーマンは、幼い頃から勤勉で内気な、家族を愛する心優しい少年だった。数学に早くから目覚めていたにもかかわらず、ゲッティンゲン大学の神学科に入学したのは、貧しい家族のことを慮(おもんぱか)った結果の現実的な選択でもあった。しかし、リーマンは数学への情熱を抑えることができず、結局父の許しを得て数学科に転向する。その後、水を得た魚のように、研究に邁進していく日々が始まる。

とはいえ、当時のドイツで学問を続けていくことは容易ではなかった。父と弟の死後、残された姉妹を扶養する責任のすべてを一人で背負っていたリーマンにとっては、なおさらのことであった。いまも好きな研究を続けていくことは茨の道だが、十九世紀のドイツでもまた、リーマンほどの才能をもってしても貧苦を味わわなければならないほど、学問を取り巻く状況は厳しかったのである。

リーマンが三十代の半ばになる頃、ようやく彼の名声は広がり始め、生活も安定してきた。同じ時期にゲッティンゲン大学にいた数学者のシュテルンは、この頃のリーマンが数学する様子を評して「カナリアのように歌っていた」[21]と後に語っている。数学する喜びを、リーマンは全身で表現していたのだろう。

ところが、幸福な日々は長く続かなかった。一八六二年の夏、日頃から病気がちだったリーマンの体調が、顕著に悪化しはじめるのだ。肋膜炎（ろくまくえん）を患い、これがきっかけで肺に病が巣くいはじめていた。医者は、療養のために、気候のいい土地にしばらく滞在してみるよう勧めた。

助言にしたがい、リーマンは何度かイタリアへ旅に出かけた。南国の気候と風土に触れると、確かに気持ちが晴れていくのを感じた。旅の日々を心から楽しみ、一度の滞在でいくつもの都市をめぐるほどだったが、イタリアとゲッティンゲンの往復は逆に、彼から着実に体力を奪っていった。

リーマンが死期を悟ったのは、一八六六年の初夏、三度目のイタリア旅行中のことである。イタリア北部のマジョーレ湖畔で、「耳の力学」と題した論文の作成に没頭していた頃だ。

リーマンの親しい友人である数学者のデデキントは、穏やかに死を受け入れる青年として、彼の最期を記録している。[22] その記録によれば、湖畔に立ついちじくの木の下、美しい光景を見下ろしながらリーマンは妻の手を握り、「我々の子どもにくちづけを」と言い残して、静かに息を引き取ったという。

享年三十九。生前に発表した論文の数はわずかだったが、そのすべてが後世に大きな影響を残した。

高校までの数学の授業では、リーマンの業績に触れる機会はまずない。それどころか、ガウスの業績すらほとんど登場しない。せいぜい複素平面が出てくる程度で、大学で数学を学ばない限り、数学についての知識の大部分は、十八世紀以前の段階で止まってしまう。

なぜだろうか。

身も蓋もない言い方をすれば、「難しいから」だろう。だが、その「難しさ」は、数式の複雑さとか、証明の長さとか、そういう表面的な難しさだけではない。数式と計算ではなく、概念に根ざした数学的思考――そこにリーマンが切り開いた数学固有の面白さと難しさがある。

日常生活において、概念の意味を、根本的に書き換える必要に迫られることなどまずない。量とは何か、空間とは何か、時間とは何か、数とは何か。漠然とであれ、私たちはそれなりにわかったつもりで生きているからだ。しかし、日常における概念の安定性は、私たちが仮説の仮説性に無自覚であることの裏返しでもある。

たとえば、「空間には『距離』がなくてもいいのではないか」などといちいち日頃から疑っていたら、生きるのが大変で仕方ない。私たちはある程度惰性化した思考の習慣と、意味の固定した概念に守られて生きている。こうした常識的な知は、日常の限られた文脈のなかでは頼りになるが、ひとたび既知の文脈を離れたときには、通用しなくなることもある。

たとえば、極端に小さい世界や大きな世界について、私たちは正しく推論できない。人間にとって身近なスケールではユークリッド幾何学がいまも通用するが、時空の大域的構造や、量子レベルの構造については、ユークリッド幾何学では意味ある理論を構築できない。

実際、アインシュタインの相対性理論は、リーマンの編み出した空間概念があって初めて成り立つ。これが、私たちの生きる宇宙の大域的な構造について、いかに精緻な理解をもたらすかは、その後の歴史が示している通りだ。

次章で見るが、哲学者カントにとって、空間は直観のアプリオリな形式として、あらかじめ人に与えられるものであった。これに対して、リーマンは、私たちが能動的な仮説形成によって、主体的に空間概念を更新し、修整していくことができる存在だと気づいた。

数学は、単に与えられた概念から出発して推論を重ねていくだけの営みではないのだ。人は、既知の概念に潜む仮説性を暴き、そこから新たな概念を形成できる。数学はただ厳密で確実な認識を生むだけではなく、誰も知らなかった未知の概念を生み出していくことができるという意味で、きわめて創造的な活動なのである。

第三章

数がつくった言語

プラトンからウィトゲンシュタインにいたるまで、
歴史上の有名な哲学者にとって、数学が大事なもので
あり続けてきたのはなぜだろうか。
そして、多くの場合、数学は彼らの哲学の全体に
影響を与えてきたが、それはなぜだろうか。
……それはまず第一に、彼らが数学を実際に体験し、
それをとても不思議なものと思ったからである。[1]
――イアン・ハッキング

数学は現実を描写するだけの言語でもないし、単なる知的パズルでもない。数学はしばしば、人間がそれまで経験したことがなかった、新しい認識の可能性を開拓してきた。古代ギリシアの論証的な幾何学は、確実で明晰な認識があり得ることを人間に教えた。人間の認識は通常、曖昧で漠然としたものでしかない。それでも、生活上の認識としては十分だ。ところが、古代ギリシア幾何学の特殊な設定のもとでは、誰にとっても「確実」と信じられるような論証を遂行することが可能なのである。

古代ギリシア幾何学に深く魅了されたデカルトは、それが体現する認識の確実さや明晰さを、より広い文脈へと拡大していこうとした。数学と哲学が絡み合う探究はやがて、代数的方法を大胆に幾何学に持ち込む新しい数学に結実した。これが、その後の近代的な自然科学の礎となった。人は、幾何学的な図形についてのみならず、自然についてもまた、確実で明晰な知識を得られる——この確信が、近代的な科学の成立を支えているのだ。

もちろん、数学が求めてきたのは認識の確実さだけではない。リーマンは、独創的な概念の導入によって、数式の計算だけでは摑むことができない、数学のからくりに迫っていった。数学者は、確実な推論を重ねるだけではないのだ。ときにまったく新たな概念を生み出し、驚くべき発見をもたらす。

だが、デカルトが追求した認識の確実さと、リーマンの数学に象徴されるような認識の拡張性や生産性は、いかにして両立するのだろうか。確実なだけで新しいことを教えてくれない認識は数学とは呼べないし、発見や驚きがあっても確実さを伴わないとしたら、数学とは似て非なる営みである。確実さと拡張性が同時に成立していてこそ、数学は数学と呼べるのである。

では果たして、認識の確実さと拡張性はいかにして両立するのか――この問題を、徹底的に追究したのが、哲学者イマヌエル・カント（一七二四―一八〇四）である。

『純粋理性批判』

カントは数学者ではないし、数学の本質を解明することだけを使命とした哲学者でもない。にもかかわらず、十九世紀の目覚ましい数学の発展と、これを牽引した数学者たちの思考を理解しようとするとき、カントの思考を避けて通ることはできない。

そもそも、数学と哲学はかつて、いまよりはるかに近しい関係にあった。デカルトやライプニッツの時代、数学者が哲学者でもあることは珍しくなかった。十九世紀に至ってもなお、たとえばリーマンの数学が体現していたように、数学と哲学は密接な関係にあった。

リーマンの師にあたるガウスもカントを熱心に読み、これを批判的に乗り越えようとしていたという。[2] 根本から生まれ変わろうとしていた十九世紀の数学を牽引する先駆者たちの多くが、カントの哲学を学び、これを強く意識しながら思想を育んでいたのである。

これほど後世の数学者たちに大きな影響を与えたカントの思考とは、どのようなものだったか。その実り豊かな思考の全貌を語ることは筆者にはできないが、ここでさしあたり注目したいのは、認識の確実さと拡張性の両立という問題に、彼がどんな答えを用意していたかだ。これは実際、カントの『純粋理性批判』（*Kritik der reinen Vernunft*, 1781, 87）の主要な課題の一つだったのだ。

その前に、デカルトはこの問題にどう答えたか。デカルトは、認識の確実さをしつこく追求した結果、認識における「経験」の役割を過小評価することになった。そのため、認識の生産性や拡張性、すなわち人が「はじめに知らなかったことをなぜ新たに知り得るのか」を説明することに関しては、苦しい立場に追い込まれてしまった。デカルトにとっては最終的に、人間の精神に数学的な観念を刻印する「神」が、認識の生産性の究極の根拠だった。逆に言えば、神を持ち出すことでしか彼は、数学的な認識の生産性を基礎付けられなかったのである。

デカルトとは逆に、経験の役割を過剰に強調すると、今度は人間の認識の生産性は説明できても、確実さを支える基盤を失う。経験に依存する認識は所詮、偶然的で相対的なものにすぎないからだ。

数学が実際に、確実なだけでなく、驚くべきほど生産的でもあることはカントの時代にすでに疑うべくもなかった。デカルトの数学は、ライプニッツやニュートンによる微積分学を生み、十八世紀には数式を自在に扱うラグランジュやオイラーらによって、近代数学の大きな花が咲いた。たとえば、オイラーの生み出す驚くべき公式の数々は、彼がそれを計算してみせるまで、誰も知らなかった真実を開示している。指数関数と三角関数の意外な結びつきを明らかにする「オイラーの公式」[3]などは、そうした驚くべき公式の典型的な例の一つだ。こうした発見は、必然的で普遍的で、しかも意外な驚きに満ちた数学の偉大な成果と言えよう。

だがなぜ、このようなことが可能なのだろうか。人間の認識はなぜ必然性や普遍性を持ちつつ、同時に拡張的でもあり得るのか——カントはこの難問に、正面から挑んだ。そして、慎重に練られた一つの「解答」を示した。これが、彼の主著『純粋理性批判』の重要な達成の一つだった。

『純粋理性批判』といえば、数ある哲学の古典のなかでも、最も有名な作品の一つだが、内容は難解で、容易に読み解けるものではない。他方で、ものすごく突飛で、奇妙なことを主張する著作でもない。むしろ、カントの思考は現代の常識にもかなり浸み込んでいるので、どこがすごいのかを適切に把握することの方が難しい、と言えるかもしれない。カントを読む難しさは、難解な言い回しや、抽象的な議論だけでなく、私たち自身が、無自覚のうちにすでにカントの影響をかなり受けてしまっていることにもまた、由来するのではないかと思う。

ともかく、ここではそんなカントの哲学のなかでも、数学にかかわる認識論に目標を絞って、議論の要旨を確認してみよう。

人間の認識のメカニズムに迫ろうとするカントはまず、認識とは、認識に先立って存在する何かを、ただ素直に受け取る営みではないと主張する。むしろ、認識とは、認識する行為によって対象を作り出していく営為（えいい）だというのだ。

認識の対象が、認識する行為とともにつくられていく。彼はこの過程を描写するために、「感性」と「知性」という二つの能力を峻別（しゅんべつ）し、両者が協働する過程を描く。感性とは、様々な感覚器官を通して、外界からやってくるデータを受け取る能力である。感性を通して人はまず対象の表象を「直観」する。ひとたび直観された内容は、「概念」によって判断へとつくり変えられていく。知性とは、直観された内容を素材とし、概念を駆使しながら判断を生み出していく能力である。

ここまでですでに「知性」や「感性」、「直観」や「概念」など、いくつもの仰々しい用語が並び始めて、読者を疲れさせてしまっているかもしれない。カントの議論は緻密で繊細に練られているので、こうした用語を完全に回避するわけにはいかない。とはいえ、あまりに細部を追求しはじめると、今度は難解な用語の泥沼に足を取られる危険性もある。

そこで、ここでは細かく用語を解釈することは控え、先走って結論から言ってしまえば、人間の認識の拡張性の根拠を、カントは「直観」という契機に見出すことになるのだ。ただし、彼が言う「直観（Anschauung）」は、ある種のひらめきを示唆する日常用語の「直感」とは別物であることを念のため強調しておく。外界の対象から到来する様々な感覚データをじかに受け取ることをカントは「直観」と呼ぶのである。

　たとえばリンゴを認識するとき、私たちはまず感性を通して、リンゴの漠然とした印象を「直観」する。つまり、リンゴによってもたらされる種々の物理的刺激を、感覚器官を通して「じかに受け取る」。このとき、直観されたままのリンゴは、未だ雑多な感覚的印象の束にすぎない。直観された内容を「リンゴ」という「概念」のもとにまとめあげる知性の働きを通して、初めて「これはリンゴだ」という判断が生まれる。

　感性による直観だけで認識が完結するのではなく、知性が概念を駆使しながら感覚データを秩序づけることによって、判断が形成されると考えるのだ。

　こうした感性と知性の協働によって作られるリンゴの認識は、認識する私たちの行為とは独立な「リンゴそのもの（カントの言葉では「物自体」）」に至ることはない。それは、認識主体によってこしらえられた主観的なものという意味で、あくまで「現象」にすぎない。

　だが、もし人間の認識が主観的なものだとするなら、もはや認識の必然性や普遍性は諦めるしかないのか。そうではない、というところにこの議論の肝がある。

　認識はたしかに、主観的なプロセスである。だが、その主観的な認識は、普遍的な枠組み（これをカントは「形式」と呼ぶ）によって規制されているというのだ。

具体的に、いかなる枠組みのもとに人間の認識は秩序づけられているのか。カントは、「感性」と「知性」の双方には、それぞれこれを縛るいくつかの基本的な「形式」があるという。

感性には「空間」と「時間」という二つの形式がある。感性を通じて何かを直観するとき、私たちはいつも時間や空間の枠組みのなかで直観している。むしろ、時間や空間の枠組みのなかでしか、人は物事を直観しえないとカントは論じる。この意味で、時間や空間は、直観されるべき内容に先立ち、直観のあり方を規定している「形式」なのである。

知性にもまた、その働きを規制する枠組みがある。これをカントは、十二の「カテゴリー」として列挙していく。空間や時間という枠組みの外では感性データを受け取れないのと同じように、知性の働きによる判断もまた、あらかじめ決められたカテゴリーの外へは、出られないというのだ。

「ありのままの世界（物自体）」の認識を手放す代わりにここでしているのは、「私にとっての世界（現象）」の現れ方を決める「規則」を特定していくことだ。主観を客観と一致させるのではなく、あらゆる主観的な認識を生み出すメカニズムの共通性を切り出し、そうすることで認識の客観性を基礎付けようという戦略である。もしこれができれば、認識は主観的であるから**こそ**客観的であるという意外な結論が導き出される。カントが『純粋理性批判』で披露するのは、まさにこのような巧妙な議論なのである。

なぜ「確実」な知識が「増える」のか？

ここで、あらためて最初の問いを思い出してみたい。

人間の認識はなぜ必然性や普遍性を持ちつつ、同時に拡張的でもあり得るのか。

この問いにカントは答えようとしていたのだった。『純粋理性批判』のなかではこの問いが、次のように定式化されている。すなわち、

アプリオリな総合判断はどのようにして可能か。

これは、一見するととっつきにくい一文だが、少しずつ嚙み砕いてみよう。

まず、「アプリオリ（a priori）」という言葉は、「……の前に」を意味するラテン語で、「経験に先立つ」あるいは「経験とは独立している」という意味で、カントが頻繁に使う言葉だ。「……の後に」を意味する「アポステリオリ（a posteriori）」は逆に、「経験に依存する」ことを意味する。

では、「総合判断」とは何か。これは、対立する「分析判断」とともに、当時の論理学にかかわる概念である。

ただし、「論理学」と一口に言っても、カントの時代の論理学は、現代の論理学とはかなり違う。カントは『純粋理性批判』のなかで実際、論理学がアリストテレス以来「一歩も進歩しえなかった」と指摘し、論理学はすでに「自己完結し、完成しているように見える」とまで言っている。カントはさらに、論理学は学問の「ほんの庭先をなすだけだ」と、嘲笑的とも取れる言葉すら漏らす。論理学はとうのむかしに完成した学問であり、厳密さという点では優れていても、適用範囲があまりに狭いというのが、当時の論理学に対する彼の率直な印象だったのである。

本章でこれから見ていく通り、十九世紀に論理学は大きく変貌する。この原動力の一つが、ほかならぬカントの哲学への批判からだった。この意味で、カントの仕事の延長線上に、論理学の革命が起きたとも言える。だがカントはもちろん、そんな未来など知る由もない。

　カントの知っていた論理学においては、命題を「主語―述語」の構造で捉えるアリストテレス以来の伝統が踏襲されていた。カントが「分析判断」や「総合判断」と言うとき、こうした伝統的な命題の分析が念頭にあった。具体的には、命題に現れる述語が、主語概念に含まれるような判断を「分析判断」と呼ぶ。

　たとえば、「人間は動物である」という判断は、「人間（＝理性的な動物）」という概念に含まれている「動物である」という述語を取り出しているだけなので「分析判断」の例と言える。主語概念にあらかじめ潜伏している述語概念を「解明」しているという意味で、「解明判断」と呼ばれることもある。

　次に、「人間は愚かだ」という判断を考えてみよう。これは、カントの言う「総合判断」の例である。なぜなら「愚かだ」という述語は「人間」という概念の定義には含まれていないからだ。「人間は愚かだ」という判断は、命題の形式的な分析によってではなく、経験によって導き出される。経験によってもたらされる直観が、主語概念と総合されることで初めて判断が遂行されるのである。主語概念になかった新しい概念をつけ加えることで、人の知を拡張していく。この意味で、カントはこれを「拡張判断」とも呼ぶ。

大雑把に言えば、

分析的≒論理的手続きだけに依存≒非拡張的（解明的）
総合的≒論理的手続き以外に直観を使用≒拡張的（生産的）

という対応関係があり、「アプリオリな総合判断はいかにして可能か」という問いは結局、「経験に依存しないが、同時に拡張的（生産的）であるような判断はいかにして可能か」を問うていることになる。

　そもそもアプリオリな総合判断が可能であること自体、カントは少しも疑わなかった。なぜなら、数学における判断すべてがその例だと信じていたからである。

　たとえば「5＋7＝12」という判断をカントは例として挙げる。「5」や「7」や「足す」という観念をいくら「分析」したところで、そこから12という数は出てこない。したがって、これは分析判断ではなく、総合判断の例だ。しかも単に経験に依存した偶然的な命題ではないから、アプリオリな総合判断と言える。

　ではなぜ、論理的な分析だけでは導くことのできない「5＋7＝12」という判断が、同時にアプリオリであることができるのだろうか。

カントは、次のように説く。

人はたし算をするとき、まず指や小石などを用いて、直観のうちに「5」や「7」という概念に対応する表象をつくり出し、それを頼りに計算するだろう。こうして、「5」や「7」という概念に、直観における表象をあてがう過程をカントは、「概念の構成」と呼んだ。数学的な知の総合性を支えているのは、指を折るにせよ、小石を並べるにせよ、あるいは図を描き、数式を紙の上に書き連ねていくにせよ、いずれにしても、直観において概念を構成するこのプロセスなのだとカントは主張した。

このときもちろん、小石の大きさや描かれる直線の幅、記号の色合いなど、構成された対象のアポステリオリな性質は判断に影響を与えない。すなわち、数学的な概念の構成は、あくまでアプリオリな直観において遂行される――このようにカントは論じた。

こうした議論が果たしてどれだけ説得的かについては、疑問の余地がある。実際、こうしたカントの議論を批判的に乗り越えていくことが、新たな数学の哲学を生み出す原動力となった面もある。だが、当面ここで押さえておきたいのは、カントが必然的で普遍的でかつ拡張的な数学の認識を支える足場として「直観」を見出し、これをはっきりと明示したことだ。数学は単に論理的な分析ではなく、かといって経験に依存する場当たり的で不確かな営みでもない。それは、直観において概念を構成していくダイナミックなプロセスを通して、必然的で普遍的で、かつ拡張的な認識を生み出す、特異な理性の営みなのである。これが、カントが描き出した「数学像」だった。

数学が厳密なだけでなく拡張的でもあり得ることの謎――カントはこれを「直観」という認識の契機に着目することで説明していこうとした。それは、超越的な「神」の存在に訴えることでしか認識の拡張性を説明できなかったデカルトの議論に比べると、大きな前進と言えるかもしれない。だが、十九世紀のドイツを中心に巻き起こった数学の変化は、カントが描く数学像を、根本から打ち砕いていくことになる。

フレーゲの人工言語

空間や数の直観を基盤に、数式の計算によって問題を解決していく。カントが目の当たりにしていたのは、このような数学であった。だが、十九世紀の数学者たちはむしろ、直観に依存した推論を慎重に数学から排除していこうとしたのだった。

幾何学はそれまで自明とされていたユークリッドの公理から解放されて、直観では捉えがたい世界がにわかに広がり始めていた。他方で、連続性や微分可能性など、それまで直観的に把握されていた関数の種々の性質が、直観に訴えかけない方法によって、新たに定義されるようにもなっていった。「数学の厳密化」とも呼ばれる十九世紀の数学の大きな趨勢は、数学に直観が寄与する余地を慎重に削っていく過程そのものであった。ところが、直観が寄与する余地を削り落してもなお、数学の生産性と拡張性は損なわれなかった。むしろ、十九世紀の数学ほど実り豊かな概念を生み、目覚ましい成果を生み出していった時代はないのだ。認識の拡張性を直観のはたらきに帰着させたカントの議論は、現実の数学を前に説得力を失いつつあった。

そもそもカントが認識の拡張性を裏づけるために、直観を持ち出す必要があったのは、論理には認識を拡張させる力がないと、早々に結論していたからだった。ところが、もし論理が彼が考えていたほど貧弱ではなく、もっとはるかに強力であり得るとしたら──このとき、カントが前提とした「分析」と「総合」の区別は更新を迫られ、数学に対する別の見方が浮上する可能性が出てくる。

まさにこの可能性に注目し、みずから新しい論理学を構築することでこれに挑んだのが、本章の主役となるドイツの数学者ゴットロープ・フレーゲ（一八四八─一九二五）である。

フレーゲは、ドイツのヴィスマールというバルト海に面した港町で、文筆家で、また私立高等女学校の校長でもあった父と、同校の教師を務める母のもとに生まれた。幼少から内気で引っ込み思案な性格だった息子を案じた母は、都会の大学を避け、イェーナ大学に入学するよう息子に勧めた。[4]

イェーナ大学で数学と哲学を学んだフレーゲはその後、ゲッティンゲン大学で数学の博士号を取得したのち、再びイェーナ大学に戻る。そして、残る生涯の大部分をここで過ごした。学生時代の彼は、当時最先端の数学を学び、数学者としてのキャリアを歩んでいくつもりだったが、最終的には数学に邁進するよりむしろ、数学という学問の本性を哲学的に究明する道へと、深く分け入っていくことになった。

フレーゲの生きた十九世紀には、数学的思考を支える基礎概念を解明していくことが、数学者にとっての大きな関心の的となっていた。そうした時代の流れを引き受け、リーマンが「空間」や「量」といった根本的な概念の究明へ向かい、それまで「幾何学」と呼ばれていた学問のあり方そのものを書き換えていったことは前章で見た通りだ。フレーゲは、まさにこのリーマンが活躍したゲッティンゲンで学問の洗礼を受けた。リーマンが「空間」や「量」の概念の基礎へと深く遡っていったように、フレーゲもまた、「数」という概念の根本的な究明に向かった。

数学全体の根底にある「数」の概念は、それ自体、何に支えられているのだろうか。カントはこれに対して「アプリオリな直観」という解答を示したが、フレーゲはこの答えに満足できなかった。何しろ、直観に依拠することなくどれほど豊かな数学を生み出せるかを、同時代の数学がまざまざと物語っていたからだ。数それ自体も、直観に依拠することなく、論理だけによって基礎付けられるのではないか。フレーゲはそう考えた。そして、この仮説を実証してみせようと思った。

だがこのためにはまず、数学者の思考それ自体を、科学的な分析に耐えられるような形に、書き換えていく必要があった。しばしば飛躍や曖昧さのある自然言語による証明は、そのままでは厳密な分析に耐えない。そこで、証明を隙間のない推論の連鎖として書き直していくために、専用の新しい言語を作り出していくのだ。

この「言語」を作ることができれば、各証明がどんな前提に依拠し、それぞれの定理が究極的に何を根拠としているかを、手に取るように鮮やかに特定できるはずだ。そうして、もし証明が、論理法則と論理的な定義以外の前提なしに遂行できるとわかれば、証明された命題は論理のみに依存する、すなわち、カントの言葉で分析的な真理だと言える。[5] 逆に、証明の過程に論理法則でも論理的な定義でもない何かが紛れ込んでいるとわかれば、証明された命題の真理性は論理以外に依存する、すなわち、総合的な判断と言える。いずれにせよ、数学的な真理が何によって基礎付けられるのかを、哲学的な考察だけによってではなく、しかるべき言語を用いた、厳密な検証によって確かめようというのがフレーゲの企てであった[6]。

フレーゲ自身、幾何学が総合的な学問だという点では、カントと同じ意見だった。だが、数を扱う「算術」については、違う考えを持っていた。算術の定理の証明にしばしば直観が紛れ込むのは、数学を記述するための言語が不完全だからではないか。より適切な言語体系のもとでは、算術の定理を、論理的な概念だけに依拠した定義から出発し、論理法則のみを使いながら証明できるのではないか。要するに、算術は論理学の一部にほかならない[7]と立証できるのではないかと考えていた。

一八七九年の春に刊行された『概念記法――算術の式言語を模造した純粋な思考のための一つの式言語』（*Begriffsschrift, eine der arithmetischen nachgebildete Formelsprache des reinen Denkens*）は、フレーゲがこの仮説を検証するために一から作った「言語」を披露する画期的な著作だ。論理学の法則のみに支配された自前の人工言語を操りながら、フレーゲは直観的に明らかと思える命題の証明を、論理学の法則のみに依拠して淡々と書き下していくのである。

この小冊子の序文で彼は、「概念記法の生活言語に対する関係は、それを顕微鏡の眼に対する関係に譬えてみると、最も分りやすくなる」と記している。フレーゲが編み出したのは、概念を構成し、そこから緻密な推論を展開していくためのまったく新しい言語だった。これによって、日常言語では暈され、隠されていた論理の構造が、まるで顕微鏡を覗くように鮮やかに浮かび上がってくるというのである。

そもそも日常言語は、数学をするためにはつくられていない。日常の思考や対話は必然的で普遍的な真理など少しも目指していない。だからこそ、通常の言葉だけに頼っている限り、数学のような繊細な推論が必要になる場面で、しばしば致命的な間違いや飛躍が生じる。

たとえば、以下の二つの主張の差異を、読者はただちに判別できるだろうか。

（1）いかなる有限の量に対しても、それより小さな量が存在する
（2）いかなる有限の量よりも小さな量が存在する

一見すると、両者の意味の違いはわかりづらい。実際、十九世紀以前には数学者でさえ（1）から（2）を導出する誤ちをしばしば犯していたという[8]。問題は、通常の言葉

のままでは、命題の持つ論理的な構造の差異が浮かび上がってこないことである。
右の二つの主張は、現代的な論理学の記法を使えば、それぞれ次のように表現できる。

（1'）$\forall a \exists b \quad b<a$

（2'）$\exists b \forall a \quad b<a$

ここで「$\forall$」という記号は「全称量化子」と呼ばれ、「$\forall a$」と書けば「どのaについても」という意味になる。また「$\exists$」は「存在量化子」と呼ばれ、「$\exists b$」と書くと「あるbについて」という意味になる。[9]

このように、（1）（2）を（1'）（2'）の形に書き換えてみると、両者の違いが、量化子が適用される順序の違いとして浮き彫りになる。

（1'）の方は、まずはじめに適当にaが選ばれたあとに、それより小さいbの存在が言えることを主張しているが、（2'）の方は、aが選ばれることに先立って、どんなaよりも小さなbの存在が言えると主張している。したがって、（2'）の方が（1'）より主張としては強い。このように言葉で説明するとややこしいが、適切な記号言語を使えば違いは一目瞭然になる。

(1)を(1′)に書き換え、(2)を(2′)に書き換えてみることによって、自然言語のままでは隠されていた命題の論理構造があぶり出されていくのだ。このように、多重に量化子を含む命題の構造を把握し、それら命題間の論理的関係を分析できる体系を初めて構築したのがフレーゲの論理学における最大の功績の一つである。

数学の命題に潜在する論理構造を浮かび上がらせていくためには、しかるべき「記法」が必要になる。「概念記法」とはまさに、このためにフレーゲが一から作り出した記法であった。彼はこれを用いて、数学の証明全体を表現できるような新たな「言語」を構築していくのだ[10]。

この新たな言語を生み出す前提として、フレーゲはまず、命題を「主語—述語」という形でとらえる伝統的な論理学の発想を捨てる必要があった。「主語—述語」という見方への根拠ない執着こそが、命題の構造の把握を邪魔していると彼は見抜いたのだ。

たとえば「二〇二〇年の大統領選で、ジョー・バイデンはドナルド・トランプに勝利した」という命題と「二〇二〇年の大統領選で、ドナルド・トランプはジョー・バイデンに敗北した」という命題の二つを考えてみよう。このとき、「主語—述語」の構造だけに着目すると、二つの命題は、異なる命題に見える。だが、論理的な観点からすると、二つの命題の内容は同じだ。最初の命題から論理的に帰結するすべては、二つ目の命題からも帰結するし、逆もまたしかりである。すなわち、論理的な推論関係だけに注目するとき、これら二つの命題を区別する意味はないのだ。フレーゲの言葉で言うと、右の二つの命題は同じ「概念内容」を持つ。

フレーゲが求めていたのは、曖昧さと冗長さに溢れた自然言語の欠点を補正し、命題の概念内容だけを記述できる洗練された論理言語だった。このためにはまず、命題を「主語―述語」という形式で捉える観点を手放す必要があった。

では、「主語―述語」の形式の代わりに、どのように命題を把握すればいいのか。フレーゲは命題を「項と関数」という視点で捉え直していく。

たとえば、フレーゲ自身が挙げている例を見てみよう。

シーザーはガリアを征服した

という文を考えてみる。[11] このとき「シーザー」が主語で、「ガリアを征服した」を述語と見るのが、従来の「主語―述語」形式に基づく文の把握である。

ところがフレーゲはここに、

（　）はガリアを征服した

という、空所を伴う未完結の文を見る。この空所を「シーザー」という固有名で「充当」すれば、

シーザーはガリアを征服した

という完結した文ができる。それはちょうど、

$2\cdot(\ )^3+(\ )$

という「関数」の空所に、具体的な項として、たとえば数1を入力することによって、

$2\cdot1^3+1$

という式が得られるプロセスと類似している。

フレーゲは、数だけでなく、「シーザー」のような人物すら項として許すように関数の概念を広げ、「項と関数」という見方を、文の分析にまで応用していこうとするのだ。

命題をじっと見ていてあるとき、フレーゲにはそれが関数に見えてしまったのだろう。同じ命題を前にして、それまで誰もが「主語―述語」の構造しか認められなかったというのに、フレーゲにはこれが関数に見えた。この背景には、フレーゲの独創性だけでなく、当時の数学の歩みがあった。

一口で「関数」と言っても、歴史を通してその意味は大きく変容してきた。数学の文脈で「関数（function）」という言葉を最初に用いたとされるライプニッツは、ニュートンとともに微積分学の創始者としても知られるが、彼の微積分学はあくまで具体的な平面曲線を対象とした計算技法であり、明確な関数概念の上に構築されたわけではなかった。

微積分学の発展とともに、次第に関数概念の重要性が認識されるようになり、これとともに、様々な定義も試みられるようになるが、長らく関数としては、あくまで特定の演算規則で組み立てられた式として表現できるものだけが考察されていた。このレベルの見方に留まる限り、命題を関数と見るフレーゲの視点は開かれてこない。

フレーゲは関数を、単に数式で表現されるものではなく、「項とそれに対する値とを一意的に対応づける対応の法則」[12]と見ていた。このように、具体的な曲線や数式に縛られないものとして関数を見る視点は、十八世紀から十九世紀にかけて徐々に形づくられたものだ。

複素関数を複素平面の間の「写像」として捉えるリーマンの観点は、こうした自由な関数の見方の一つの決定的な到達点と言える。彼は関数を単なる曲線とも数式とも捉えず、二つの領域の間の対応を定める規則として思い描いたのだった。これは、集合から集合への写像として把握される現代の関数観に近い。

命題を項と関数に分解するフレーゲの視点もまた、こうした一般性の高い関数概念を背景として初めて可能になるものだ。もしフレーゲがカントの時代の数学しか知らなかったとすれば、彼もまた、古典的な命題の見方から自由になれなかったはずである。

概念の形成

命題の「主語―述語」構造による分析から、「関数と項」による分析へ。一見するとこれは、ささやかな見方の変更でしかないように思えるかもしれないが、この視点の変更が、論理学に革命をもたらしたのだ。

実際、先に見たような、多重に量化子を含む命題の論理構造を正確に表現するには、「関数と項」という観点が必要になる。さらにフレーゲのこの分析方法はまた、数学における「概念形成」のメカニズムをも明るみに出す。これは、数学的認識の生産性と拡張性の問題を考える上で、極めて重要な点である。

従来の数式を使った数学においては、新しい概念の導入という肝心の場面で、日常言語に頼るしかなかった。数式の操作自体は記号でできても、連続性や極限、微分可能性や関数などの概念を導入するときには自然言語に頼るしかなかった。だが、こうした概念が導入されるときにこそ、数学者の認識は拡張していくのではないのか。

フレーゲが作ろうとしていたのは、所与の概念から機械的に推論するだけのシステムではなかった。彼は、数学が分析的であるにもかかわらず拡張的であることを示そうとしていた。そのためには、「概念の形成」という契機を、正確にとらえられる言語を作る必要があった。この点が、先立つあらゆる既存の論理学者とフレーゲの企図との決定的な違いであった。

同じ時代に論理学の更新を目指していたのは、フレーゲだけではなかった。たとえばイギリスのジョージ・ブールは、フレーゲの挑戦に先立ち、すでに「論理代数」と呼ばれる独自の形式論理体系を構築していた。だがブールの体系はあくまで、所与の概念を起点とした論理的な推論を、代数的な計算として表現するものだった。概念形成それ自体を記述できるような「内容を伴う」言語ではなかったのである。

これは、アリストテレスからブールに至るまで、フレーゲ以前の論理学すべてに共通する論理学の限界だった。そこでは、所与の概念が結合されることで、命題や判断が形成されるとみなされ、概念形成それ自体については、特別注意が払われてこなかったのだ。

フレーゲはここに重大な論理学の欠落を見た。そこで彼は、所与の概念から判断を組み立てていく（概念→判断）という常識を逆転させて、（判断→概念）という向きで、すなわち、**判断の分析によって概念を形成する**、という方向で、論理学を構築しなおしていこうとするのだ。

「判断の分析によって概念を形成する」とは、具体的にはどういうことか。フレーゲは次のような例を挙げる。

「$2^4=16$」という判断を考えてみる。この判断は、いくつかの方法で関数と項に分解できる。たとえば、2を置換可能な項だと考えると、この判断は、関数「$x^4=16$」と項「2」に分解される。かくして、関数「$x^4=16$」が表す概念「16の4乗根」が得られる。

あるいはまた、4を置換可能な項とすれば、関数「$2^x = 16$」によって表される概念「2を底とする16の対数」が得られる。このように、判断を起点として、関数と項による分析を経ることによって、概念を形成できるのだ。

フレーゲは、生前未刊の論文「ブールの論理計算と概念記法」のなかで、「実り豊かな概念形成」の実例として、極限や関数の連続性などの概念を、概念記法を使って実際に記述してみせている〔図15〕。フレーゲは歴史上初めて、こうした概念を日常の言語に依拠することなく、論理学の言語のみによって表現できることを示したのだ。こうして記述された概念たちが、単に所与の概念の並列や結合によって得られたものではない点が重要である。

「生産的な概念確定」は、「今までに全く与えられていなかった境界線を引く」[13]とフレーゲが言うとき、彼の念頭には、生産的な概念を形成する術を持たなかった、既存の論理学に対する不満がある。

たとえば「動物」という概念の外延をA、「理性的」という概念の外延をBとして、それぞれ〔図16〕のような円として描けたとしよう。このとき、AとBの「論理積」として得られるのが「人間」という概念の外延である。ブールの論理代数ではこれがAとBの積ABとして書かれ、図としては円AとBの共通部分に対応する。ここでは、「動物」

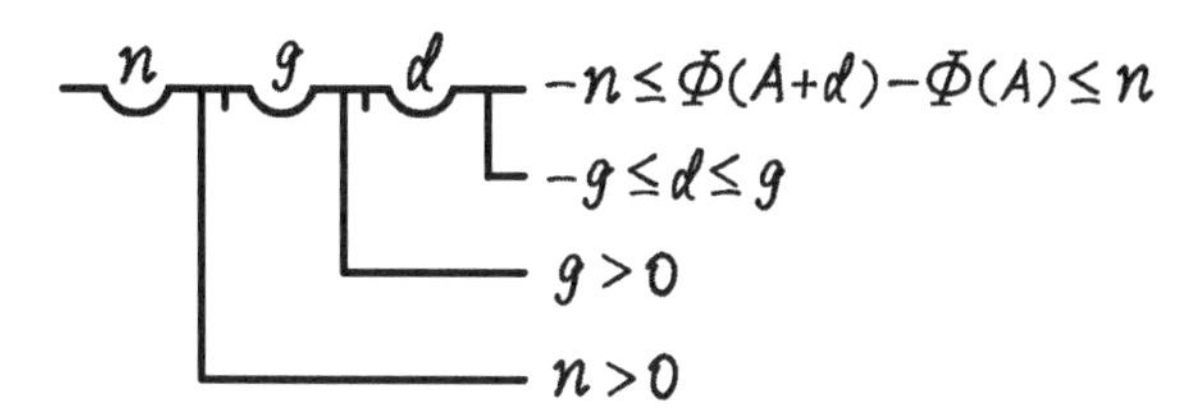

図 15　「関数 $\Phi(x)$ は $x = A$ において連続」を概念記法で書くと上のようになる

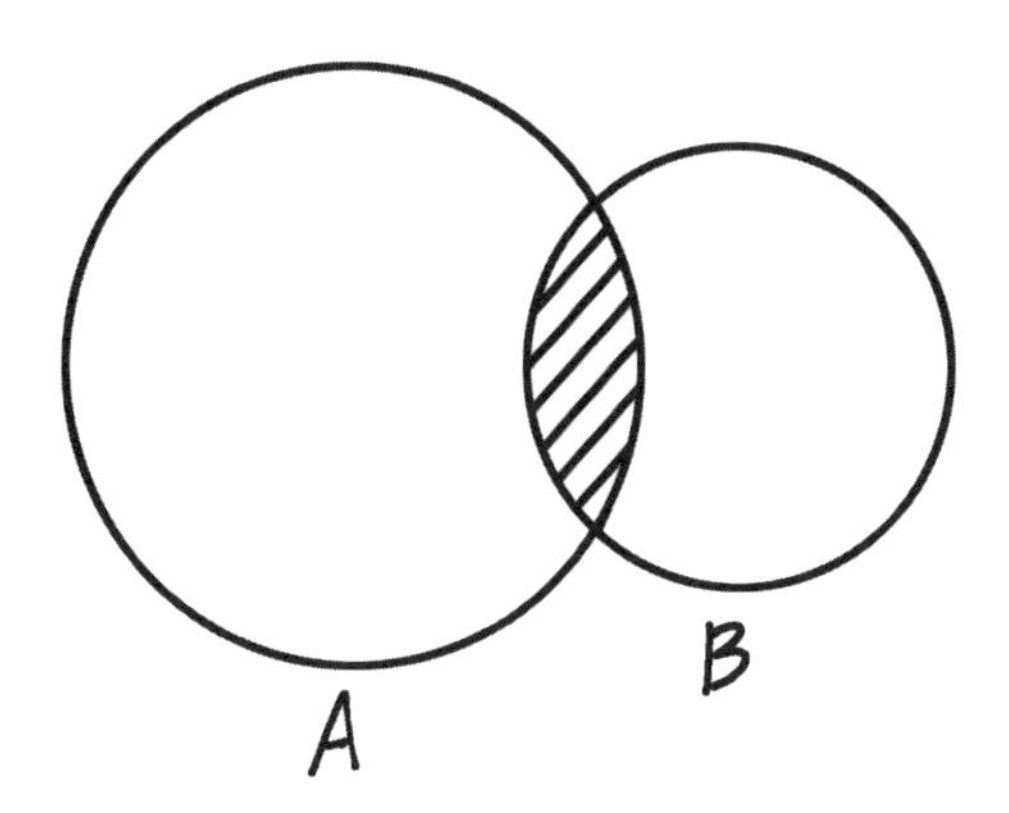

図 16　「動物」という概念の外延Ａと「理性的」という概念の外延Ｂが重なり合う領域が「人間」という概念の外延に対応する

と「理性的」という二つの概念の論理積によって、「理性的動物」すなわち「人間」という概念が作られている。が、結果として形成される「人間」という概念は、「すでに与えられた概念の境界の一部から作られる」に過ぎない。[14]

　これに対して、関数の連続性や極限値などを概念記法で記述するとき、手持ちの概念の境界線を使って新しい概念の境界線が作られているのではない。論理的な言語によって、「今までに全く与えられていなかった境界線」が引かれているのだ。

　こうした「実り豊かな概念」の形成から出発し、そこから何が推論できるかは「予め（あらかじ）見通すことはできない」。だからこそ、たとえ純粋に論理的な規則に従うだけでも、認識が拡張されることがある。実り豊かな概念の定義を起点とした論理的な推論は、論理的な規則のみによるという意味であくまで分析的であるにもかかわらず、概念間の思わぬ論理的なつながりを開示し、驚きや発見をもたらすという意味で、拡張的でもある。たとえば複素平面やリーマン面の導入によって、数学的認識がどれほど拡張されたかを思い起こしてほしい。認識を拡張する潜在的な契機は、生産的な概念の定義のうちにすでに含まれているのだ。だがそれは「種子の中の植物のようにであって、家屋の中の梁のようにではない」とフレーゲは説いた。

心から言語へ

概念記法は、語彙も文法規則も推論規則も、すべてが明示された人工言語としては、人類史上初めてのものだ。[15] 何しろ人は、それまで自分が用いている言語の語彙も文法も推論規則も全貌を把握しないまま使っていたのである。そもそも、自然言語を支配する規則すべてを明示することなど、端から不可能かもしれない。だが、特別に設計された人工言語についてならそれができると、フレーゲは作ってみせることで示したのである。

ところが、真に革新的な仕事に対する反応がしばしばそうであるように、フレーゲの論理学に対する周囲の反応も冷ややかだった。あまりに先進的なヴィジョンは多くの誤解を生み、斬新すぎる「記法」のデザインが、ますます著書をとっつきにくいものにした。

たとえば、「あるaが存在して$\Phi(a)$が成り立つ」という命題は、いまなら$\exists a \Phi(a)$と書けるが、フレーゲの記法では［図17］のように記された。「AならばB」という命題は、いまならA→Bと書けるが、フレーゲは［図18］のように書いた。ただちには意味を読み取れないこうした記法で埋め尽くされた著作は、数学者からも哲学者からも敬遠された。

それでも彼はしぶとく探究を続けた。新しい人工言語を携えたフレーゲは、これを使って、算術が論理学に還元できることを示そうと目論んでいた。「論理主義」と呼ばれるこの構想を丁寧に描写したのが、フレーゲの第二の主著『算術の基礎』(*Die Grundlagen der Arithmetik*, 1884) である。

『算術の基礎』は、見慣れない記法で埋め尽くされた『概念記法』に比べて、明快なドイツ語で書かれた読みやすい本で、後に続く多くの人に影響を残した名著だ。このなかで彼は、数についての粘り強い考察を、慎重に掘り下げていく。

冒頭で彼はまず、「数1とは何か」という問いを掲げ、誰一人としてこれに満足のゆく解答を出せていない現状を「恥ずべきこと」として嘆く。「概念記法」を生み出したフレーゲは、この問いに正面から答える準備があると自負していた。

数とはそもそも何か。この問いに対して、当時流布していたあらゆる解答に、彼は満足していなかった。特に、数の意味を経験に帰着させようとする経験主義や、心に浮かぶ何らかの観念やイメージに還元しようとする心理主義に対しては、一貫して厳しい姿勢を示した。

数は、心に浮かぶ主観的な像ではない。数はそんな曖昧なものではない。数は、算術

図 17 「ある a が存在して $\Phi(a)$ が成り立つ」を概念記法で書くと上のようになる

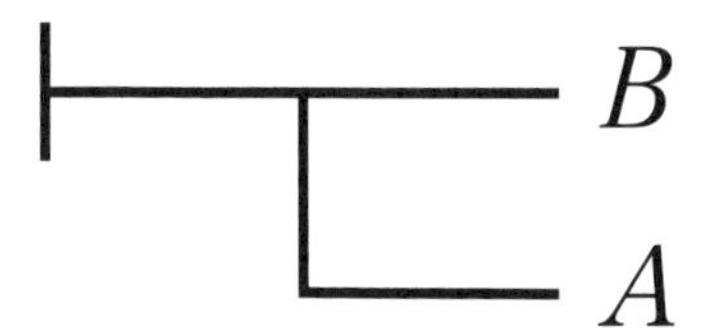

図 18 「AならばB」を概念記法で書くと上のようになる

という科学によって研究されるべき客観的な対象である。このようにフレーゲは確信していたのだ。

だがもし、数が物理的に存在するのでも、心の内面に生成するだけでもないとしたら、人はいったいどうやって数を把握できるというのだろうか。

フレーゲは次のように答える。すなわち、私たちは「数を含む命題の意味」を通して、「数の意味」を把握しているのだ、と。『算術の基礎』の一節で、彼はこう書く。

命題という連関でのみ、語は何かを意味する。したがって、問題となるのは、数詞が現れる命題の意義を説明することだろう。(六二節)

一つ一つの数を孤立させて意味を問うから、心理主義に陥る。孤立した個々の数の意味を問う代わりに、数は「文という脈絡＝文脈」において初めて意味を持つと理解すべきなのだ。これが、「文脈原理」と呼ばれる、フレーゲのこの後の探究を導く指針だ。『算術の基礎』において、彼はこの方針に従い、数の「定義」へと向かっていく。

フレーゲは算術のあらゆる定理が、論理的な原理だけから導けることを示そうとしていた。そのためにまず、論理的概念だけを使って、数が定義できることを示してみせる必要があった。では、どのようにすれば数を定義できるのだろうか。

数はどこかに存在するものではないから、数を指差して「これが数です」と宣言するわけにもいかない。文脈原理を尊重するならば、目指すべきは、「数詞が現れる命題の意義」を確定するための規準を示すことだ。

注目すべきは、ここまでフレーゲの議論をたどってくると、「数とは何か」という当初の問いが、「数詞が現れる命題の意義」の確定という、言語の次元の問いへと書き換えられていることだ。イギリスの哲学者マイケル・ダメット（一九二五―二〇一一）は、こうしたフレーゲの議論の構図に、哲学における「言語論的転回（linguistic turn）」の先駆的な一歩を見た。

実際、デカルトやカントの時代の哲学がもっぱら人間の意識や心を足場としていたのに対し、心理主義と決別したフレーゲは、心から言語へと、探究の重心を移していった。この意味で彼の『算術の基礎』は、この後に続く哲学の「言語の時代」を予告するものでもあった。[16]

とはいえ、フレーゲは彼の思想が後世にもたらすこうした影響のことはまだ知るよしもない。同時代の無理解に苦しみながら淡々と自身のプロジェクトを続けていくしかなかった。

緻密な誤謬（ごびゅう）

算術を論理学で基礎付けるという計画の道筋を『算術の基礎』で素描（そびょう）してみせたフレーゲは、計画を実行に移すべく静かな情熱を燃やしていた。長年にわたる探究はついに円熟し、『算術の基本法則』（*Grundgesetze der Arithmetik*）という第三の主著として実った。第一巻が出たのが一八九三年、第二巻はそれから十年を経た一九〇三年に出版された。出版社からの十分な理解が得られず、著作は予算の制約上機械的に二つに分割された上で、第二巻は結局、自費出版で刊行された。

この第二巻の校正のさなか、フレーゲに予期せぬ知らせが届く。それは、一九〇二年の初夏に送られてきた、バートランド・ラッセル（一八七二―一九七〇）からの手紙だった。

ラッセル自身、フレーゲとは独立に、「論理主義」のプロジェクトに取り組んでいた。そのためにまとめていた著作『数学の原理』（*The Principles of Mathematics*, 1903）の第一稿の脱稿の翌年に、ラッセルはフレーゲがすでに、自分よりも十数年も先に同じ道を歩んでいたと知って驚く。そこでフレーゲの仕事の全面的な読み直しをはじめた。このとき、前半のみ刊行されていた『算術の基本法則』を熱心に読み込んだのである。

フレーゲに宛てた手紙のなかでラッセルは、論理学によって算術を基礎づけようとするフレーゲの計画について、技術的な議論の細部に至るまで深く共感すると記している。その上で、「たった一点だけ私は難点に逢着しました」と述べる。ラッセルがぶつかった「難点」は、フレーゲが数を定義するために導入した「概念の外延」と関係していた。

概念の外延とは、すでに前章でも見た通り（八九頁参照）、概念に対応して想定される「集まり」であり、現代数学では「集合」がこの役割を果たす。「概念」から「概念の外延」へ移行することによって、抽象的な「概念」が一つの具体的な集まりとして対象化される。フレーゲの体系においても、数を対象として定義するために「概念の外延」が必要とされていた。

ところが、ラッセルは、「概念」から「概念の外延」への無闇な移行は、矛盾を導くことを発見したのだ。具体的には、「自分自身に属さない」という概念の外延を考えると、ただちにここから矛盾が導かれることにラッセルは気づいた。[17]「ラッセルのパラドクス」として知られるこの発見は、フレーゲの体系にとって致命的なものであった。

「もし概念から外延への移行が――少なくとも条件つきででも――許されないとすれば、

算術をどのように学問的に基礎づけうるのか、数をどのようにして論理的対象として把握し、考察しうるのか、私には分からない」とフレーゲは『算術の基本法則』第二巻のあとがきのなかで、パラドクスに直面したときの戸惑いを率直に打ち明けている。そして、「その証明に、概念の外延、クラス、集合を用いたすべての人が、同じ状況にある」と、パラドクスの「被害者」が自分一人ではないことも付け足している。

実際、パラドクスの発見によって「同じ状況」に追い込まれたのはフレーゲだけではなかった。当時、論理学や集合論の建設にかかわっていたデデキントやシュレーダー、ペアノらの数学者はみな、暗黙のうちに概念の外延の存在を仮定していたのだ。何の害もなさそうなこの仮定から、いともたやすく矛盾が導けてしまうとすれば、「集合」や「論理」についての当時の数学者の理解に、何か落とし穴が潜んでいる可能性が出てくる。

以後、パラドクスを克服するための様々な努力が、数学の基礎についての激しい論争を生み、二十世紀初頭は、数学の本性をめぐる数多くの主義や思想が乱立する混沌とした時代になる。この混沌のなかから、現代の集合論が安定した形に結晶していくのは、やっと一九二〇年代になってからだ。

具体的には、エルンスト・ツェルメロ(一八七一―一九五三)とアドルフ・フレンケル(一八九一―一九六五)、さらにトアルフ・スコーレム(一八八七―一九六三)らの手により、ラッセルが発見した種類の矛盾が生じない範囲で、ルールに基づいて集合を運用していくための「公理的集合論」が整備されていく。集合を構成する際に許されるルールを公理としてあらかじめ決定しておき、集合概念の無闇な濫用による矛盾の発生を未然に防ぐという戦略である。

いまや数学者にとって集合は、水や空気のようになくてはならないものだ。新たな概念を導入するときには「構造付きの集合」として定義するのが現代数学の方法である。大学に入ると、高校までに習った数学を、集合論の言葉で再び学び直していくことになる。そこでは数も空間もすべては集合なのだと宣言される。リーマンの構想した「多様体」も、集合論を使うことで明快に定義できるようになる。

だが、フレーゲにはこうした集合論の未来はまだ知る由もなかった。ラッセルのパラドクスの発見を受けて、フレーゲはただちに返信を出した。そこで彼は、自分の体系の欠陥のありかを正確に認めた上で、何とか応急処置を試みようとしている。しかし第二巻は結局、パラドクスを含んだまま出版された。

あとがきに、フレーゲは次のように記している。

学問的著述に従事する者にとって、一つの仕事が完成した後になって、自分の建造物の基礎の一つが揺らぐということほど、好ましくないことはほとんどないであろう。
この〔第二〕巻の印刷がその終わりに近づいたときに、バートランド・ラッセル氏の手紙によって、私はそうした状況に陥ったのである。
（『フレーゲ著作集3　算術の基本法則』）

直観的に自明に思えることほど、厳密な言葉で表現するのは難しい。フレーゲは「1とは何か？」という問いに、論理的に首尾一貫した答えを出そうとした。「1とは何か」は、ほとんど誰もが理解しているつもりだった。だがそれを、フレーゲは直観ではなく、論理で摑もうとしたのだ。そのために彼は、現代の論理学を自力で編み出す必要があった。彼は驚嘆すべき強い意志で孤独なプロジェクトに邁進し続けた。だが、苦心の末に実った体系の基盤に、思わぬパラドクスが潜伏していた。

ラッセルによって指摘されたパラドクスの致命性は、フレーゲの体系が十分精緻に編まれていたからこそ明らかになった。直観的に自明と思えることを、漠然と信じている限り、新たな認識が生まれることはないのだ。わかっているはずのことを、厳密に摑み直していこうとするとき、その過程で何をわかっていなかったかが浮き彫りになる。漠然と何かを信じる代わりに、自分が何を信じてしまっていたかを明らかにしていくこと。創造の道は、ここから開ける。

フレーゲはパラドクスに対するさしあたりの修正案を付録として『算術の基本法則』のあとがきに付し、念願のこの著作の第二巻を一九〇三年に刊行した。だが最後の手当をもってしても、矛盾を回避することはできなかった。

出版の翌年、妻が四十八歳の若さで亡くなった。フレーゲは神経衰弱の徴候を呈し、翌年の夏学期の講義はすべて休講している。

フレーゲの人物については、あまり多くが語られることはない。偉大な数学者にありがちな、破天荒なエピソードも聞いたことがない。ただ黙々と研究に邁進し、学問の初志を貫き、粛々（しゅくしゅく）と研究に励んだ人という印象がある。

彼の講義は難解で、いつも聴講者は極端に少なかったという。講義中に学生に視線を向けることも少なく、淡々と黒板に向かってしゃべり続けるスタイルだったそうだ。だが、彼の著作を通して伝わってくるのは、こうした評判とは裏腹の燃えるような情熱である。しばしば感嘆符を交えて思想を表明し、誤った学説を強烈な批判や皮肉で刺す。禁欲的な研究スタイルと硬質な文体とのコントラストも手伝い、文章からはかえって溢れるような人間味が伝わってくる。

フレーゲは実際、書面上では旺盛に他者と交流を続けた。ペアノやヒルベルト、カントールやラッセル、さらにはフッサールやウィトゲンシュタインなどの哲学者たちとも、熱心に書簡のやり取りをした。

旅を好まず、一処にとどまり、ただ近所の散歩だけを日課としたところは、カントのストイックな生き方を彷彿(ほうふつ)させる。フレーゲは年中愛犬を連れて、近くの湖まで歩き、地平線の向こうへ山並みが消えたり現れたりするのを、いつも惚れぼれと眺めたそうだ。その方が「せわしい鉄道旅行」よりもよほど得るものがあると、彼は周囲に語った。

ラッセルのパラドクスが見つかって以後、フレーゲが算術の基礎づけについて語ることは稀になった。亡くなる前年には、「数と呼ばれているものを明らかにしようという私の努力は、不成功に終わった」と日記に書きつけている。[18]

それでもなお、学問への情熱は、最後まで消えなかった。死の直前に書かれた未公刊の論文には、算術の基礎を論理にではなく、幾何学に求めようとする新たな構想が示されている。しかしこのときにはすでに、肉体に余力は残っていなかった。

一九二五年七月二十六日、故郷にほど近いバート・クライネンの地で、フレーゲは静かに眠りについた。

人工知能へ

大枠を漠然と言い当てるより、具体的に正確に間違うことの方が、しばしば学問を前進させる。フレーゲの緻密で独創的な企図の挫折は、後世に大きな財産を残した。フレーゲに多大な影響を受けたドイツのエトムント・フッサール（一八五九―一九三八）とイギリスのラッセルを源泉として、その後の哲学の二大潮流である「現象学」と「分析哲学」がそれぞれ生じたことを思えば、哲学史におけるフレーゲの存在の大きさがわかるはずだ。さらに、フレーゲからラッセルを経て、ヒルベルトやゲーデルを経由し、チャーチやチューリングに至る数学の基礎をめぐる学問の系譜は、現代の計算機の誕生にもつながっていく。

数学的思考の本質を直観にではなく、論理に見たフレーゲは、結果として「言語」の問題を哲学の前面に押し出すことになった。デカルトやカントにとって、思考の場はあくまで人間の「意識」にあったが、当時流行の心理主義を嫌ったフレーゲは、内面的な意識ではなく、言語という公共的なリソースの上で、人間の思考の本性を分析する道を開いた。ここに、「心」を「内面」から解放し、他者と共有可能な外部へと開く発想の種子が蒔かれた。

デカルトやカントが思考の基盤と考えた「意識」は、そもそも他者と共有できない。自分以外の他者に、意識があるのかどうかさえ証明できない。それに比べて言語は、他者と分かち合える。しかも、フレーゲが生み出した形式的な言語は、あらかじめ使用のための規則が余すところなく明示されているのだ。

思考を支えているのが意識ではなく、規則の明示された言語だとするなら、規則に従って考える機械をつくることだって、夢ではないはずである。フレーゲが生み出した「人工言語」は、やがて「人工知能」の挑戦へと通じる、先駆的な一歩でもあったのだ。

第四章

計算する生命

ザラザラとした大地に戻れ！[1]

——ルートウィヒ・ウィトゲンシュタイン

人間の知能を計算機やロボットに模倣させるのが「人工知能」の研究である。だが、この分野が誕生するはるか前から、人間の思考を機械の振る舞いに似せようとする逆向きの試みが続けられてきた。人間の思考は訓練によって、ときに機械のように操縦できる――この洞察がなければ、数学という学問の発展はなかっただろう。計算するとき人は実際、自分を機械にするのだ。意味や感情、他者との共感を一時停止させ、決められた規則に従って思考を導く。

正しい計算とは、同じ入力に対して、同じ出力を返す手続きである。見方を変えれば、人は計算するとき、外部からの入力に支配されている。気分に応じて「5＋7」への返答が変わるようでは、生き物らしくはあっても、計算者としては失格だ。

外部からの入力に支配されたシステムは、「他律的(たりつてき)（heteronomous）」なシステムと呼ばれる。計算する人間は、少なくとも計算の結果を導くまでは、他律的に振る舞うことを要求される。この意味で、計算とはもともと、人間による機械の模倣(シミュレーション)なのである。

現代の計算機(コンピュータ)の基礎理論は、アラン・チューリング（一九一二―一九五四）による計算(コンピュ)

者の観察から生まれた。訓練された計算者は、与えられた数字列を、あらかじめ決められた規則に従い、正確に書き換えていく。チューリングが注目したのは、このとき紙や黒板の上に実現される記号操作の過程そのものであった。

ところが、規則に従う記号操作を実現するためには、膨大な「準備」が必要である。記号を認識したり書き記したりするための知覚運動系はもちろん、紙や鉛筆などの道具、筆算のアルゴリズムや記数法など、歴史を通して練られてきた技術や教育、様々な歴史的、社会的な制度が計算の成立を支えている。与えられた記号をただ操作するだけが計算なのではなく、記号を記号として成立させる文脈の構築に、人類は何千年にもわたる努力を積み重ねてきたのだ。この意味で、計算は決して「頭のなか」に閉じる営みではない。

興味深いことに、チューリングが計算のモデルとしたのは、計算者の頭のなかですらなかった。彼はまた、計算を支える歴史や文化などの文脈にも無頓着だった。チューリングのモデルのなかで、計算者の頭脳は記号の書き換え規則を決める五列の「表」に、そして計算者の周囲の環境は無際限に伸びた一枚の「テープ」に、単純化される。こうして彼は、計算の概念から計算する人を極限まで取り除いてしまった。そこから、生身の人間を前提としない、純粋な「計算（computation）」の概念が生まれた。

しかし、だとするなら、彼の「計算機」をモデルとして人間の知能を理解しようという発想は、あまりに飛躍が大きい。人間の内部で生起しているすべてを捨象して作られた機械を使って、なぜ人間の思考を説明できるというのだろうか。

この疑問を解くには歴史を参照する必要がある。生命と意識を孕んだ生身の計算ではなく、紙の上で実現される記号操作それ自体が思考であるとみなす発想の布石は、チューリング以前に敷かれていたのだ。

数学的な思考を、記号の規則的な操作に還元していくこと。数学の歴史はこれを、様々なレベルでくり返してきた。筆算の発明は、量の加減乗除を記号操作のアルゴリズムに変えた。極端に言えば、数字が何を意味しているかを知らない人でも、手続きの規則さえ身につければ筆算ができる。十七世紀にデカルトは、古典的な幾何学の世界を、代数的な方程式の世界へと解き放った。これによって、図形を見たことがない人でも、代数的な規則に従って、厳密な幾何学的推論をできるようになった。十九世紀のドイツで、さらに決定的な一歩を踏み出したのが、前章で見たフレーゲである。

フレーゲは、数を対象とする数学のすべてを支える新しい論理体系を構築しようとした。その過程で、数学的思考を分析する場を、人間の意識から、言語へと移行させた。5＋7＝12という真理を正当化するために必要なのは、人間の意識における観念や直観ではない。必要なのは、適切な言語と、これを運用するための規則だ——このようにフレーゲは考えたのである。

フレーゲの企図は、彼の思い描いた通りには実らなかったが、人間の思考を人工的な言語を使って分析するという探究の指針は、後世に重大な影響を残した。それは、思考について語るためには、心や意識に訴えるしかないというそれまでの常識からの決定的な離脱を意味した。

フレーゲの学問を一つの源泉として、数学と論理学が相互に刺激し合う豊かな学問の系譜がその後、ラッセルやホワイトヘッド、ヒルベルトやゲーデルらへと受け継がれていく。チューリングは、この思索の伝統の延長上にいたからこそ、人間の頭脳や心の内側に言及することなく、計算や人間の知性について語れると信じたのである。

チューリングの時代に確立したのは、人間の計算に付着したあらゆる文脈を剥(そ)いだ純粋な計算の概念だ。では、果たして純粋な計算によって、人間の思考をどこまで再現できるか。これは、後世に残された大きな問いとなる。

人間が機械を模倣する時代から、計算機を使って人間を模倣する時代へ——ここに、「人工知能」と「認知科学」の歴史が動き始める。

純粋計算批判としての認知科学

認知科学は「非常に長い過去と比較的短い歴史を持つ」と言ったのは認知心理学者のハワード・ガードナー（一九四三―）だ。[2] 人間の知能や心の本性をめぐる知的探究の起源は、遠くプラトンやアリストテレスの時代にまで遡る。認知科学とは、古代から連綿と問われ続けてきたこうした「長い過去」を持つ問いを、計算機を使った科学的手法で研究する比較的「歴史の短い」学問なのである。

計算機の誕生以前、人間の心について調べる手法は限られていた。特に、人間の「心のなか」を覗こうとすれば内観に頼るほかなかった。だが、心理学者の内観だけを頼りにしていては、客観的な科学は生まれない。そこで、あくまで観察可能な行動を手がかりとして心の働きを説明しようとする「行動主義」の流れが二十世紀前半には勢いを増す。

認知科学者はこれに対して、目に見える行動だけでなく、人間が心のなかで操る「表象」に迫ろうとする。表象とは、外界にある事物についての情報を、認知主体が何らかの方法で符号化したものである。たとえば人が「机」について考えようとするとき、頭の中で机に対応する像を思い描くだろう。現実の机を代理するこうした像は「表象」の典型である。

内観に頼ることなく、認知主体の内部で符号化される表象について考えようとすると き、計算機が意外な役割を果たす。というのも、計算機が操る記号そのものを表象とみなせば、表象を操作する心の働きについて、客観的に分析する道が開けるからだ。

認知科学は、人工知能とも深い関係がある。

「人工知能(Artificial Intelligence)」という言葉が公に用いられたのは、一九五六年の「ダートマス会議」が最初だと言われる。この会議を企画した数学者ジョン・マッカーシー(一九二七—二〇一一)は、会議に先立つ提案書のなかで、「いかなる知能の働きも、それを模倣する機械を作れるくらい精確に記述できる」という仮説こそ、人工知能研究の立脚点だと宣言している。推論・記憶・計算・知覚など、知能の様々な働きを計算機を使って再現し、その再現を通して人間の知能を理解することが、学問としての人工知能の目標だというのだ。人工知能研究とは本来、人間のレプリカを作ることでも、SF的な「超人」を生み出すことでもなく、部分的に人間を再現しながら、知能の原理を解明していく地道な営みだったのである。

人工知能研究とともに、哲学、心理学、言語学、人類学、神経科学など様々な分野の知見を動員し、人間の心のメカニズムに学際的なスタンスで迫っていくのが認知科学だ。このとき、チューリングが確立した計算の概念と、それを体現する計算機が、異なる分野間のコミュニケーションをつなぐ架け橋になる。

人工知能、そして認知科学の研究は、その「短い歴史」のなかで多くの大胆な挑戦をし、少なからぬ挫折も味わってきた。計算によって、人間の知性にどこまで迫れるか。この問いは同時に、人間の知性がいかなる意味で単なる計算ではないかをも浮き彫りにしていったのだ。

人工知能研究の初期から、人間の知能を計算に還元しようとする試みの限界を、哲学的な観点から論じていたのが哲学者ヒューバート・ドレイファス（一九二九―二〇一七）である。彼は、人工知能研究初期の熱気に包まれていた六〇年代に、マサチューセッツ工科大学（以下ＭＩＴ）で哲学の講義をしていたときのことを、あるインタビューのなかで次のように振り返っている。

「私の講義にＭＩＴのロボット研（現在の人工知能研究所）の学生たちがやってきて言うんだよ。『あなたたち哲学者は、知性や言語や知覚を理解したことが一度もない。二千年もの間、議論ばかり続けてどこにもたどり着いていない。僕らは、計算機を使って、理解力を持ち、問題を解き、計画を立て、言語を学習するプログラムを書いている。完成した暁には、その仕組みもわかるようになるはずだ』と。私は、『それが本当なら、ぜひ僕も参加したい。でも、実現はまず無理だろう』と思った」

ドレイファスの目には、人工知能研究者たちが、そうとも知らずに、西洋の伝統的合理哲学を再発明しているように見えた。表象の操作という枠組みで人間の知性を捉えようとしたデカルトに始まり、表象を結合する規則に注目したカント。思考を統べる規則を余すことなく列挙し、直観の媒介なしに数学的思考を組み立て直していこうとしたフレーゲ。こうして連綿と継承されてきた近代の合理主義哲学の系譜は、人間の知的活動を「規則」として取り出し、それを明示しようとする努力を重ねてきた。

この伝統ある哲学的な企図を、機械を使ってあらためて「実装」しているのが人工知能研究だとドレイファスは見立てた。とすれば、それは合理主義哲学の歴史が直面したのと同じ壁に、早晩ぶつかることになるはずだ。このとき、ドレイファスの念頭にあった「壁」の一つは、「規則」をめぐる独特の思索をくり広げた、ルートウィヒ・ウィトゲンシュタイン（一八八九―一九五一）によって予告されていた。

フレーゲとウィトゲンシュタイン

ルートウィヒ・ウィトゲンシュタインは一八八九年の四月、オーストリアの鉄鋼業界を支配する大財閥を一代で築き上げた実業家の父カール・ウィトゲンシュタインと母レオポルディーネのもとにウィーンで生まれた。四人の兄と三人の姉を持つ末っ子だった。父カールの自宅や別荘は、没落していくウィーンの文化的な中心の一つだった。そこには、ロダンやブラームス、マーラーやクリムトなど、音楽家や芸術家が日常的に集っていた。当時のウィーンでは、小さな街のなか、驚くほど活発な異分野交流が繰り広げられていたのだ。物理学者ボルツマンがブルックナーにピアノを習い、マーラーはフロイトのもとに通っていたという。そうした特異な環境のなかで、少年ウィトゲンシュタインの感性は育まれていったのである。

少年は、音楽や、機械工学、数学など、幅広い分野に食指を伸ばしていった。なかでも、生涯にわたって深く関心を寄せ続けたのが、人間の「言語」の問題だった。言語には何ができて、何ができないのか。虚飾を取り去った、無駄のない、誠実に語られる言葉の可能性を見極めたいと考えていた彼の心を、フレーゲの論理学がとらえた。そこにはまさに、無駄がなく整然とした、美しい統制の効いた言葉と論理の世界があったからだ。

ウィトゲンシュタインがはじめてフレーゲのもとを訪ねたのは、おそらく一九一一年の夏の終わり頃だとされる。ウィトゲンシュタインはこのときまだ二十二歳、フレーゲは六十三歳になる年だった。

ウィトゲンシュタインはこの日、勢い勇んでフレーゲに論争を挑んだ。ところが、老練の論理学者に、そう簡単には太刀打ちできない。結局、ウィトゲンシュタインはこてんぱんに打ち負かされたという。それでも最後に、「ぜひまたいらっしゃい」と温かな声をかけてもらった。[3] 敬愛する先達からのこの何気ない一言は、きっと青年の心に深く染み込んだに違いない。

裕福な家庭で育ったウィトゲンシュタインは、十四歳でリンツの実科学校に入学するまで家庭教師のもとで学び、大学ではまず工学部に入り、ジェット推進プロペラの設計に熱中した。その傍らで数学を学び、フレーゲやラッセルの著作を通して現代論理学にも目覚めていった。フレーゲとの面会が実現した翌年、一九一二年には、ケンブリッジ大学トリニティカレッジに入学し、ラッセルのもとで本格的な学究生活を始めた。

とはいえ、研究室や書斎にずっと引きこもっていたわけではない。第一次大戦が勃発すると彼は、志願兵として最前線に立ち、命がけで祖国のために戦った。同時に、要塞で、野砲（やほう）の傍らで、あるいは騎兵隊の側で、後に『論理哲学論考』――以後、『論考』と略す――としてまとめられることになる最初の著作の執筆に精力的に取り組み続けた。その進捗を彼は、フレーゲに事あるごとに報告している。

フレーゲもまた、ウィトゲンシュタインを深く敬愛し、彼の学問に期待を寄せていた。フレーゲからウィトゲンシュタインに送られた一連の書簡を読むと、フレーゲが、前線で学問に励む青年の安否を気遣い、草稿の完成を心待ちにしていた様子が伝わってくる。

二人の思想は共通点ばかりではなく、むしろ意見の食い違いがしばしばだったが、それでも互いを敬い、相互に学び続けようとしたのだ。フレーゲは、若きウィトゲンシュタインの思考から学ぶべきものがあると直感していた。『論考』の構想がひとまずの決着をみたと伝えるウィトゲンシュタインからの報せを受けて、応えるフレーゲからの手紙にはこうある。

私はいつでも学び、もし私が間違っていたら、自分を正しい道に引き戻す用意もできています。たとえ私が本質的なところであなたに従うことができないとしても、いつも私はあなたが進んで行った道を学び知ることから何かを手にいれると期待しています。

（一九一八年六月一日）[4]

三ヶ月後に書かれた手紙には、まるでかつての自身に重ねるようにして、先達として後輩を励ます言葉が綴られている。

自分以前にまだいかなる人間も行ったことのない険しい山道を自ら切り拓こうとしている者にとって、もしかしたらすべては無駄なのではないか、誰かいつかこの山道を後からついてこようという意欲をもってくれるであろうか、といった疑惑にしばしば襲われることは、確かによく理解できます。私もまたそのことを熟知しています。けれども私はいまは必ずしもすべてが虚しいわけではない、という確信をもっています。

（一九一八年九月十二日）

『論考』でウィトゲンシュタインは、人間の思考の可能性の限界を確定するという野心的な目標を掲げた。ただし、思考の限界それ自体を思考することは不可能なので、思考そのものに対してではなく、思考されたことの表現に対して限界を引くという戦略を採る。思考を表現する言語の論理を正しく把握できれば、言語の可能性の限界を示すことができるはずだ。さらに、そうすることで「語りえぬもの」の存在をも浮き彫りにできると彼は考えた。

こうしたウィトゲンシュタインの発想とアプローチは、言語の構造から出発して思考の構造を明らかにしていこうとする点で、フレーゲが踏み出した哲学の「言語論的転回」を、いよいよ決定づけるものであった。

一　世界は成立していることがらの総体である。

という第一の文から始まり、

七　語りえぬものについては、沈黙せねばならない。

という最後の一文に至るまで、番号が割り振られた約五百の文が入れ子状に配置されたこの作品は、まず何よりその斬新なスタイルが鮮烈な印象を残す。[5] 明らかに、分かりやすく読者に語りかけるように思想を伝えていこうとする類の書物ではない。実際、本人は、「理解してくれたひとりの読者を喜ばしえたならば、目的は果たされたことになる」と、この本の序文のなかで、はっきりと宣言しているのだ。彼はこの著作を、多くの人に理解してもらえるとは、最初から期待していなかったのである。とはいえ、深く理解してくれる「ひとりの読者」に届くことは強く期待していた。フレーゲはこの「ひとりの読者」の、有力な候補だったはずである。

「純粋な言語」の外へ

一九一八年の秋、第一次大戦でオーストリア軍が崩壊すると、ウィトゲンシュタインは捕虜となり、イタリアのカッシーノ近郊の収容所に入る。完成した『論考』の原稿は、ウィトゲンシュタインの姉がタイプし、複写がさっそくフレーゲに送られた。待望の原稿を受け取ったフレーゲから、しばらくの期間を空けて返ってきた応答はしかし、ウィトゲンシュタインを酷(ひど)く落胆させるものだった。

フレーゲは、雑務に追われて返事が遅れたことを詫びた上で、『論考』の諸命題が「十分詳細に基礎づけることなしに並列」されていることに戸惑い、「非常に理解しにくい」と感じたと打ち明けている。フレーゲは、『論考』の記述の不明瞭さに納得がいかず、最初の数行から前に進めなくなっていたのだ。結局、その後もフレーゲが『論考』を最後まで読み進めたという形跡はない。フレーゲはウィトゲンシュタインにとって、彼の思想を深く理解してくれる「ひとりの読者」にはなれなかったのである。

一九一九年の十月、ウィトゲンシュタインはラッセルに次のように書き送っている。

フレーゲとは書簡の交換を続けています。彼は私の仕事を一言も理解せず、私は説明ばかりすることにもうすっかり疲れ果てました。[6]

だが、このあまりに型破りな論文を理解できないのは、フレーゲだけではなかった。生命をかけて取り組んだ仕事は、誰一人にも理解されていないとウィトゲンシュタインは感じざるを得なかった。そして、深い絶望とともに彼は、哲学研究の現場を離れ、田舎で教師としての活動を始めるのだ。

みずから希望して山奥の僻村（へきそん）の学校に赴任したウィトゲンシュタインは、哲学に取り組んでいたときと同じ熱意で、再び全力で子どもたちと接した。カリキュラムを自分で組み立て、日々の授業の創意工夫を惜しまなかった。子どもたちが使うためのコンパクトな辞典や、ネコやリスの骨格標本まで自作した。彼は何事も徹底してやり抜かずにはいられない性質だったのである。

ところがその情熱が、制御不能に暴れることもあった。激昂すると子どもに平手打ちをし、髪を引っぱって叱ることも一度や二度ではなかった。ある日こうした体罰が度を越し、生徒の一人が気絶してしまった。ウィトゲンシュタインはパニックに陥り、連絡した医者が来る前に、その場から逃げ出すように学校を飛び出してしまった。

この一件は、ウィトゲンシュタインの心に深い罪の意識を植え付けた。三十七歳になる春、彼は失意のどん底でウィーンに帰る。

ウィトゲンシュタインが再び哲学に復帰するのは、一九二九年のことだ。姉の邸宅の設計を手伝い、修道院で庭師として働くなど長い寄り道を経て、再びケンブリッジに戻った。そして、みずから『論考』の哲学を批判的に吟味しながら、言語についての新たな探究を始めた。

『論考』のウィトゲンシュタインは、言語こそ実在する世界の「像（Bild）」だとみなしていた。そして、命題は現実世界の事実を写し取ることができるのだと主張した。このとき、日常言語の背後に、経験に汚されていない、純粋な論理言語の存在が暗黙のうちに想定されていた。

ところが、再び哲学に帰ってきたウィトゲンシュタインは、日常言語が、理想化された論理言語とはかけ離れたものだと感じ始めていた。生活のなかの生きた言語は、単に動かぬ世界の「像」ではない。言葉はときに命令として使われることもあれば、約束や冗談、感嘆の表現として使われることもある。言語は、種々の「ゲーム（Spiel）」的なやり取りのなかで、使用されることによってこそ意味を帯びていくのではないか。とするなら、言葉とは本来、具体的な「生活の様式（Lebensform）」に編み込まれたものなのではないか。

日常言語と対照して見たとき、フレーゲの人工言語のように宙に浮いた抽象的な体系は、かえって「滑りやすい氷」のようで頼りない。ウィトゲンシュタインはやがて、理想化された論理言語の世界を飛び出し、日常言語がやり取りされる「摩擦」に満ちた現場に踏み込み、言語の探究を再開していくのだ。

規則に従う

生前に刊行されたウィトゲンシュタインの本格的な著作は、『論考』一冊だけである。[7]

彼が哲学に復帰したあとの後半生の思考を集大成した『哲学探究』(*Philosophische Untersuchungen*, 1953) ——以後、『探究』と略す——が刊行されるのは死後、一九五三年になってからだ。

『論考』も圧倒的にユニークな著作だが、『探究』もかなり独特な作品である。『論考』には明確な哲学的主張と、そこに向かって段階的に積み上げられていく命題の階梯(かいてい)という構造があるが、『探究』は、断片的な覚え書きが、結論もないまま連なり、全体として摑み所がない。本人も序文でこの本が、一つの全体としてまとまった著作というよりはあくまで「一群の風景スケッチ」であり、「一冊のアルバム」のようなものだと記している。何しろ「広大な思考の領域のあちこちを、あらゆる方向から遍歴する」必要があったので、全体を一つの筋で統合することはできなかったというのだ。

『論考』と『探究』の記述のスタイルの違いは、彼の哲学に対する姿勢の変化の自然な帰結でもあった。実際、『探究』のウィトゲンシュタインは、「われわれはいかなる種類の理論も立ててはいけない」と明言するのだ。これまで哲学者が目指してきたように、問題を解くとか、説明するとかではなく、思考実験や示唆的な事例を提示しながら、「人が自身で思考する」ための励ましとなることをこそ望んでいると序文で宣言している。

この不思議な著作は実際、多くの読者を思考へと駆り立て、無数の解釈を生み出してきた。なかでも、「規則」をめぐる一連の考察（一三四―二四二節）は、ひときわ多様な読解を生み、それだけ多くの論争を呼び起こしてきた。

たとえば、『探究』一八五節には、与えられた指示に従い、数列を書き下す印象的な生徒の話が出てくる。

　生徒は、0から始めて、「2ずつ足す」という規則に従って数列を書き下すように指示される。ところが彼は、1000を超えたところでなぜか、突然「1000、1004、1008」と書きはじめる。先生は生徒に、「自分が何を書いているか、よく見なさい！」と言う。そして、1000までそうしてきたのと同じように続けなさいと注意する。ところが生徒は、「僕は同じように続けているんですけど！」と答える。「2ずつ足す」と言われたときに彼は、1000以上の数に対しては「4ずつ足す」ことが自然で、それこそがそれまでと同じように振る舞うことだと信じきっているのだ。

「2ずつ足す」という規則が明示されているにもかかわらず、先生と生徒では、「規則を適用するための規則」に関して齟齬（そご）がある。こうなると、同じ規則から、いかなる振る舞いが出てくるかわからなくなってしまう。

　規則の解釈の不定性、すなわち、規則の適用に関する曖昧さを取り除くためには、

「規則の適用に関する規則」をあらかじめ明示する必要がある。だがその規則もまた、それを正しく適用するための規則を必要とする。となると、規則は無限に退行してしまう。これが「規則のパラドクス」だ。

どうすれば、退行を断ち切れるのだろうか。

すでに述べた通り、『探究』のウィトゲンシュタインは、哲学的な「問題を解く」ことを目指していない。そもそも彼は、日常言語の諸相を首尾一貫して説明できる理論があるとは考えていない。パラドクスを「解決」することが目標ではなく、逆説の提示を通して、既存の哲学が「規則」の概念のもとで言語を摑まえようとするとき、いかに多くのものがこぼれ落ちてしまうかを彼は示そうとするのだ。そうして、哲学者たちが無批判に受け入れてきた数々の「ドグマ」を浮き彫りにしていく。

『探究』での規則に関する一連の考察は、「私的言語」についての議論へと展開していく。ウィトゲンシュタインのいう「私的言語」とは、原理的に他者に通じることのない、ただ一人にだけ理解される言語のことである。

『探究』二五八節で、ウィトゲンシュタインは次のような思考実験をする。すなわち、自分だけに知り得る完全に私的な感覚について、記録をつけることは可能だろうか、と。

ある人が、自分にしかわからない特定の感覚を、「E」と名づけたとしよう。その同じ感覚を経験するたびに、カレンダーに「E」と書きつけることにする。最初にEを「定義」するにはただ、その感覚に注意を集め、「これがEだ」と自分に向かって宣言すればいい。だが、「何のためにそんな儀式を行うのか？」とウィトゲンシュタインは問う。

再びある感覚が生じて、また「E」とカレンダーに書きつけるとき、それが、以前にEの意味として取り決めたのと同じ感覚だという保証はどこにあるのだろうか。彼が「同じだと思っている」以上の判定規準はないのではないか。とすれば、彼の作り出した「私的言語」には、正しい使用と、彼が正しいと思っている使用との間に、区別がないことになる。

問題は、完全に「私的に」規則に従うことが、そもそも不可能だという点にある。

私は昔から考え事に夢中になると、シャワーを浴びているとき、自分がシャンプーをしたかどうかを忘れてしまう。そこである日、シャンプーをしたあと、シャンプーをした証として、シャンプーと石鹼の位置を入れ替えておくことにした。ところが、このやり方には欠陥があるとすぐにわかった。シャンプーと石鹼の位置が入れ替わっているとき、それが、いま自分がシャンプーをしたからなのか、それとも、昨日シャンプーをしたときに場所を入れ替え、それを戻し忘れただけなのか、区別がつかないのだ。自分が規則を正しく適用しているかは、自分一人では判定できないのである。

「『規則に従う』とは一つの実践なのである。そして規則に従っていると思うことは、規則に従うことではない。それゆえ、人は『私的に』規則に従うことはできない」(二〇二節)とウィトゲンシュタインは書く。

こうした考察に導かれて、私たちは思わぬ場所に連れていかれる。規則が、規則それ自身を支えることができず、しかも、私的に規則に従うことが不可能だとすれば、推論や計算、あるいは意味ある思考が、「心のなかで規則に従う」ことだとする見方に、大きな疑問符がつきつけられることになるのだ。

人工知能の身体

一九五六年に学問としての人工知能が本格的に動き出したとき、ウィトゲンシュタインはもうこの世にいない。したがって、彼が直接、人工知能批判を展開することはなかった。だが、一九三九年にケンブリッジで開かれたウィトゲンシュタインの講義「数学の哲学」には、チューリング本人が出席していて、そこでしばしば、ウィトゲンシュタインとの間に、「計算」の概念の理解をめぐって、熱い論戦が交わされていた。[8]

すでに述べた通り、チューリングによって定式化された計算の概念からは、人間がほぼ完全に捨象されている。意識や身体を持つ人間がそこにいなくとも、明示された規則に統制された記号操作は、それ自体が計算であるというのがチューリングの考えだった。ところが、ウィトゲンシュタインはこの点で、チューリングとは異なる見解だった。彼は、チューリング機械は少しも計算していないと主張するのだ。

チューリングの〈機械〉。これらの機械は、実は計算する人間にほかならない。[9]

このように語るウィトゲンシュタインにとって、計算機は、そろばんや紙や鉛筆が計算していないのと同じように、せいぜい計算する人間を補助する道具でしかない。計算していることと、計算しているように見えることとは違う。明示された規則に合致した記号操作だけでは、計算と呼べないというのだ。

たとえばカルダーノやボンベリが虚数の解を導出したときのように、意外な計算結果を導出してしまったときにも、人はその意味を問い、結果の正しさについて、みずから問い直すことができる（第一章）。意図と目的を欠いた自動機械にすぎないチューリング機械にはこれができない。機械にとって記号には何の意味もなく、したがって計算の結果の正誤について、みずから吟味する余地がないからである。正しい結果と間違った結果の区別ができないとすれば、それは果たして計算と呼べるのか。結局、意図と目的の欠落した機械は、計算などしていないのではないか。

　チューリング機械は、計算する人間にほかならない――このウィトゲンシュタインの意外な主張の背景には、「規則に従う」ことをめぐる彼の徹底した考察があった。そして、こうした一連の考察と議論は、やがて人工知能研究が直面することになる困難を、ある面では正しく予告していたのだ。

　まだ六〇年代の時点では、人工知能の先駆者たちは、未来を楽観的に予測していた。一九六七年にマーヴィン・ミンスキー（一九二七―二〇一六）は、「あと一世代もすれば『人工知能』をつくるという課題は実質的に解決するだろう」[10]とまで豪語していた。ところが、その十五年後には同じ彼が、「人工知能はいままで科学が直面した最大の難問だ」[11]と、現状が「解決」から程遠いことを認めずにはいられない状況に追い込まれていた。

　人間の知能を構成する諸規則を余すことなく列挙することで、まるで人間のように知的な機械をプログラムしようとした当初の人工知能研究は、現在では「古きよき人工知能（ＧＯＦＡＩ：Good Old Fashioned Artificial Intelligence）」と呼ばれる。八〇年代に突入する頃には、ＧＯＦＡＩは袋小路に入り込んでいた。規則を列挙するやり方では、機械はあらかじめ想定された規則の枠（フレーム）に縛られ、その外に出ることができない。ＧＯＦＡＩは固定された文脈のなかで、与えられた問題を解く以上のことができないままになっていたのだ。

七二年に発表した著書『コンピュータには何ができないか』（*What Computers Can't Do: The Limits of Artificial Intelligence*）で、哲学史を紐解き、ウィトゲンシュタインの規則をめぐる議論などを参照しながら、ＧＯＦＡＩの限界を特定したのはドレイファスである。明示された規則に従うだけでは、自律的な知性は生まれない。壁を乗り越えるためには、形式的な規則の存在をあらかじめ措定（そてい）するのとは別のアプローチで、人間の知能を語る試みが必要である。このとき鍵となるのは、刻々と変化する「状況」に参加できる「身体」ではないか。目的と意図を持った、身体的な行為こそが知能の基盤にあることを、もっと重く見るべきだとドレイファスは説いた。

身体を持つ機械を作る――これが人工知能を実現する確実な手段だという考えは、生前のチューリングにもあった。とはいえ、当時の技術ではまだ「実行不可能」と考え、まずは最低限の身体で可能な課題に焦点を絞ることにした。「脳だけの」機械でどこまでできるかを、とにかくやってみようというのだ。
ところが、八〇年代までには、「脳だけ」のアプローチは明らかに行き詰っていた。そのため、チューリングが一旦捨てることにした「身体」を再び舞台に乗せて、膠着状態を切り抜けようとする動きが出てくる。突破口を開いた先駆者の一人が、オーストラリア出身の若きロボット工学者、ロドニー・ブルックス（一九五四―）である。

オーストラリアのアデレードで生まれたブルックスは、南オーストラリアのフリンダース大学で、数学の博士課程を中退した後、機械オタクだった少年時代の夢を追いかけ、スタンフォード大学の助手として科学者ハンス・モラベック（一九四八―）のもとにたどり着いた。いまでこそ掃除ロボット「ルンバ」の生みの親として知られ、ロボット界を牽引するカリスマとして活躍しているブルックスだが、当時はまだ無名の若者にすぎない。

一方のモラベックは、すでに一風変わった研究者としてスタンフォードで独自の地位を築きはじめていた。彼は当時、研究室の屋根を支える垂木の上に小さな寝室をつくり、そこで寝起きしながら研究に没頭していた。頭のなかにはいつも壮大なアイディアが渦巻いていた。実世界を自由に動き回れるロボットも、彼の思い描く夢の一つだった。

とはいえ、夢の華やかさに比べて、現実に動くロボットは地味だった。彼が開発に携わっていたのは、スタンフォードの「カート（Cart）」と呼ばれるロボットで、障害物を避けながら、部屋の隅から隅まで移動することをひとまずの目標としていた。

このロボットは、映像をカメラから読み込んでは部屋の三次元モデルを構築し、モデルに基づいて運動計画を立てた後、やっと動き出す仕組みになっていた。十五分ほど計算しては一メートル進み、さらに計算してはまた動く。ロボットを制御している中央の計算機が、同僚の研究で使われているときは、十五分の計算が数時間に及ぶこともあった。誰かが研究室を横切り、障害物の配置が変われば、計算は一からやり直しである。

物を避けながら部屋を横切るだけで何時間もかかる機械。それが、当時最先端のロボットの現実だったのだ。これを見たブルックスは、何かを根本的に変える必要があると痛切に感じた。

いくつかの研究室を渡り歩きながら修行を重ねたブルックスは、一九八四年についに、MITで自分の研究チームを発足させる。そこで、ロボットを制御するための新しい設計について、原理的な考察を始めた。そして、問題は「ロボットが動くためには、外界のモデルをあらかじめ構築する必要がある」というそれまでの科学者の思い込みにあるという結論に達した。

外界の情報を知覚して内部モデルを構築し、計画を立ててから動く。そのプロセスにあまりにも時間がかかりすぎる。そこで、一連の長々しい過程を、二つのステップに圧縮してはどうか。すなわち、複雑な認知過程の全体を、「知覚」と「行為」の二つのステップにまとめてしまうのである。間に挟まるすべてを丸ごと抜き取る大胆不敵なアイディアだ。ブルックス自身の言葉でいえば、「これまで人工知能の『知能』と思われてきたものを、すべて省く」ことにしたのだ。[12]

ロボットは、何かを知覚した瞬間、ただちに行為すべきだとブルックスは考えていた。表象したり考えたりする過程は、速やかな行為のためには障害である。問題は、「表象なき知性」というこの大胆な着想を、いかにして実装するかだった。

彼は、次のような機構を考えた。ロボットの行動のための制御系を、下層から上層へと、互いを包摂（subsume）する層状に組み立てていくのだ。

最初に作ったロボット「Allen」の制御系は、全部で三層から構成されていた。最下層は、物体との衝突を避けるための単純な運動制御を担う。物体に触れたり、センサが近くで物を検知したりすると、それを避けるための動きがここで生成される。いちいち外界のモデルを作るわけではないので、この計算は瞬時に終わる。中間層は、ロボットをただあてもなく逍遥させる。中間層が動いている間も、下層の制御系は動き続けるので、中間層は物体との衝突についていちいち考慮する必要はない。最上層は、目標となる行き先を探し、これに向かって進む動作の指令を出す。目当てが特にないときは、中間層の指示に従い、ロボットは辺りを彷徨う。上層が新たな行き先を見つけると、動作が切り替わり、上層からの指令が動きを支配する。その間、引き続き下層の制御系も動き続けるため、上層は、物体との衝突について考慮する必要がない。

こうして、一つの中枢で身体全体を統御する代わりに、何層もの制御系が互いを包摂しながら並行して動き続けることで、ブルックスのロボットは外界のモデルを構築しないまま、速やかに実世界を動き回ることができた。彼はこれを「包摂アーキテクチャ(subsumption architecture)」と名づけた。

着想の源は昆虫である。昆虫はどう見ても、当時のどんなロボットより巧みに動いていた。神経細胞の数から推定すれば、昆虫の計算能力は、当時の計算機と大差ないはずだった。にもかかわらずなぜ、昆虫にできることがロボットにはできないのか。この問いを掘り下げていくなかで、ブルックスは「表象を捨てる」というアイディアにたどり着いたのだ。

実世界で起きていることを感じるためのセンサと、動作を速やかに遂行するためのモータがあれば、外界のことをいちいち記述する必要はない。外界の三次元モデルを詳細に構築しなくても、世界の詳細なデータは、世界そのものが保持していてくれるからだ。

あとは必要なときに、必要なだけの情報を、その都度世界から引き出せばいい。ブルックスの巧みな表現を借りれば、「世界自身が、世界の一番よいモデル（the world is its own best model）」なのである。

ブルックスはかくして、生命らしい知能を実現するためには「身体」が不可欠であること、そして、知能は環境や文脈から切り離して考えるべきものではなく、「状況に埋め込まれた（situated）」ものとして理解されるべきであると看破した。そうして彼は、既存の人工知能研究の流れに、「身体性（embodiment）」と「状況性（situatedness）」という二つの大きな洞察をもたらしたのである。

計算から生命へ

「認知とは計算である」という仮説から出発した人工知能と認知科学の探究だが、より人間らしい知能に迫っていこうとする試行錯誤のなかで、様々な新しい研究手法が編み出されてきた。[13]

計算機それ自体を心のモデルとみなす当初のアプローチはしばしば「認知主義（cognitivism)」と呼ばれる。認知科学の誕生以後、七〇年代までは認知主義が主導する時代が続いた。ところが、八〇年代になると、「コネクショニズム」が脚光を浴びる。これは、人間の脳を模倣した人工ニューラルネットワークを使って、心のメカニズムに迫っていこうとする方法である。

認知主義のもとでは、人間の知能のうち、主として抽象的な問題解決の能力に光が当たる。たとえば、パズルの解決や情報の検索、あるいは論理的な推論などは、「記号操作としての心」という発想と相性がいい。このとき、問題となるのはあくまで知能を実現するソフトウェアであり、ハードウェアやそれを取り巻く環境は副次的な役割しか与えられない。

コネクショニズムは、固定された記号の代わりに、人工ニューラルネットワークの内部状態を表象とみなす。認知主義がもともと、計算や論理的推論など、比較的高度な認知能力を範型(はんけい)としていたのに比べると、コネクショニズムは、パターン認識や行動の生成など、人間だけではない多くの動物にも共通に見られる、よりプリミティブな課題を重視する傾向がある。

さらに、認知主義では記号処理の過程が環境から閉ざされていたのに対し、コネクショニズムは、外部との相互作用に開かれている。ただ、ネットワークへの入力は設計者が一方的に決定するから、「外部」は、あくまであらかじめ固定されている。みずから現実世界に働きかけて環境と相互作用できる身体を持たない点で、ここで想定されている主体もまた、認知主義の場合と同じく、現実から切り離され、宙に浮いたままだ。

認知主体は、自分と独立の外界を、記号、もしくはニューラルネットワークの内部状態等を使って表象している――認知主体の内面と外界を画然と分かつこうしたデカルト的な二元論を乗り越えていこうとするのが、ブルックスのロボットに代表される「身体性」や「状況性」を重視する立場だ。ここでは、心を閉じた記号処理系としてでも、ニューラルネットワークとしてでもなく、時間とともに変容していく身体的な行為と不可分なものとして見る。

ブルックスが指摘した通り、全身の感覚器官を用いていつでも現実世界にアクセスできる主体にとって、外界の忠実なモデルを内面に構築する必要はない。世界のことは、世界それ自身が正確に覚えていてくれるのだ。とすれば、認知主体の仕事は、外界の精密な表象をこしらえることではなく、むしろ、環境と絶えず相互作用しながら、さしあたりの知覚データを手がかりに、的確な行為を迅速に生成していくことにこそある。生命にとって、世界を**描写**すること以上に大切なのは、世界に**参加**することなのである。

あらかじめ固定された問題を解決するだけでなく、環境に埋め込まれた身体を用いて、変動し続ける状況に対応しながら、柔軟に、しなやかに、予測不可能な世界に在り続けること。それこそが、人間、そしてあらゆる生物にとって、もっとも切実な仕事だという洞察がここに芽生える。数学の問題を解くことより、チェスで人を打ち負かすより、猫の画像を認識することより大切な生物の任務は、何よりもその場にいることなのである。

チューリングは、計算において身体や環境が果たす役割を一旦捨象することによって、純粋な計算を理論的に抽出することに成功した。だが、人工知能研究の様々なアプローチからの試行錯誤を経て、徐々に浮かび上がってきたのは生物の知性が、身体や環境から切り離されたものではなく、いかにこれと雑ざり合っているかだ。純粋な計算の概念から出発した認知科学の探究はこうして、猥雑で雑音にまみれた「生命」に再び鉢合わせたのである。

人工生命

二〇一八年の夏、お台場で「人工生命（Artificial Life）」に関する国際会議が開催され、ロドニー・ブルックスもこのために来日した。人工生命とは、「あり得たかもしれない生命（life as it could be）」という未知の可能性を追求する学際的な学問分野である。科学者クリストファー・ラングトン（一九四九―）の呼びかけで「ＡＬＩＦＥ」と名付けられた最初の国際会議が開かれたのは一九八七年のことだ。

人工知能研究から出発したブルックスのロボットは、生命らしく振る舞う機械を作ろうとする点で、人工生命研究としての側面も持つ。実際、一九九四年に開かれた四回目の国際会議は、ブルックスがチェアとなってＭＩＴで開催された。

ブルックスのロボットは、知能と生命が不可分である可能性を如実に物語っている。知能を作るためには、まず生命を作らなければいけないのではないか。このように考えている研究者はいまも少なくない。

人工生命研究のすべてがロボットを使うわけではない。ブルックスのように、ロボットを使う「ハード」からのアプローチもあれば、ソフトウェア上に生命らしいシステムを実現しようとする「ソフト」からのアプローチ、化学反応や遺伝子工学による「ウェット」なアプローチなど、様々な手法がある。アプローチがどうあれ、生命らしく振る舞うシステムを人間の手で構築することが、人工生命研究の目標である。

筆者自身、大学時代には一時期、ロボットを開発する研究室にいた。物心ついてからずっとバスケをやっていたこともあり、身体と知性の関係を掘り下げて研究したいと考えていた私は、大学入学後にブルックスの存在を知り、夢中になってその思考の軌跡をたどった。工学部を卒業した後は、理学部数学科に入り直したため、しばらくロボットの世界からは遠ざかっていたが、ブルックスの来日と、国際会議で予定されていた基調講演は、心から楽しみにしていた。

国際会議の三日目、ブルックスは人工生命研究のパイオニアの一人として基調講演をした。ここで彼は、哲学者も物理学者も、人工知能や人工生命の研究者もみな、「隠喩（メタファ）の犠牲者」なのではないかという、挑発的な問題提起をした。

いつの時代も人は、未知の事物を、手許にある概念に喩えて理解しようとしてきた。かつて人間の心は、蒸気機関の比喩で語られることもあった。現代の人工知能や人工生命研究者は、「計算」という概念を頼りに、計算機のメタファで、知能や生命の謎に迫ろうとしている。だが、本当にこれが正しいメタファなのかと、ブルックスはあらためて問うのだ。

二〇〇一年に「ネイチャー」に掲載された論文「物と生命の関係」（The Relationship Between Matter and Life）でブルックスは、現代文明から百年隔離された社会を想像し、そこにいる科学者たちが仮に、現代の計算機を見たとして、果たして仕組みを理解できるだろうかと問いかけている。おそらく科学者たちは、百年前の数学から出発し、チューリングと同じ「計算」の概念を見つけるまでは、コンピュータの仕組みを理解できないはずだとブルックスは言う。コンピュータがどうやって映像を処理し、音楽を再生し、メールの送受信をしているか。そのすべてを統一的に解き明かそうとすれば、「計算」というキーコンセプトがどうしても必要になるのだ。

知能や生命を理解することも、これに似ている可能性がある。しかるべき隠喩、鍵となる概念の発見によって、謎と思われていた問題の多くが、一気に氷解する可能性がある。逆に、しかるべき概念が見つかるまでは、いくら研究を続けても埒(らち)が明かない可能性もある。計算概念が、知能や生命を理解するための適切な隠喩だという保証はどこにもないのだ。

ムーアの法則[14]に従い、人類が手にしている計算資源は、日々飛躍的に増大してきた。去年できなかったことが今年はできるようになり、昨日不可能だったことが今日は現実になる。そうして、いまも科学者たちは、コンピュータの力に任せて歩み続ける。だが、このままで本当にいいのだろうかとブルックスは問う。論文がひたすら増え続ける一方で、本質的な突破口が開ける気配はまだない。このままではまるで、「計算中毒」ではないかと、彼は人工知能、人工生命研究の現状を辛辣に批判した。

ブルックスは人工知能研究に大きな変革をもたらした革命児である。「表象」も「理性」もなしに生物らしい知能を実現しようとしたその試みが、どれほど常識を覆すものであったかはいくら強調しても足りない。だが、彼の卓越した洞察は、すべてを解決する魔法の一撃ではなかった。ブルックスが包摂機構を提唱してからおよそ三十年を経たいま、現実のロボットと生命のあいだには、依然として大きな溝が広がっている。

包摂機構は、掃除ロボット「ルンバ」にも搭載されている。ブルックスが共同設立者の一人であるアメリカのアイロボット社は、一九九〇年の創設以来、三千万台以上のルンバを世に送り出しているという。だが、ルンバがどれほど便利であっても、生命を作るという目標までの距離はまだあまりに長い。

現実は厳しいとブルックスは語る。

たとえば、鮮やかな体操の演技を披露する人型ロボット「アトラス」や、荒れた斜面や段差をものともせずに動き回る四足歩行ロボット「スポット」など、ＳＮＳ上に拡散してしばしば話題になるロボットの映像を見れば、「ロボットが人間を超える日も近い」と感じるかもしれない。だが、こうした映像は、慎重に準備された場所で、何度も撮り直した上でやっと撮影できた「デモ映像」である。現実世界に解き放たれたロボットが、実際にデモと同じように見事に立ち回れるわけではない。

ブルックス自身も推薦文を寄せている『AIを再起動する』(*Rebooting AI*, 2019)という本のなかで、著者のゲリー・マーカスとアーネスト・デーヴィスは、派手なデモ映像とは裏腹に、現実のロボットにとっては、ドアノブを開けることさえ困難だと指摘している。もし「人間を超えるロボット」が恐ろしいなら、念のため「ドアを閉めて」おけばいいと彼らは皮肉を込めて書く。特に、ドアとドアノブの色が同じ場合、ロボットはドアノブをドアノブとして識別するまでの過程でかなり苦労するはずである。

もちろん、現実に多くのロボットが素晴らしい活躍をしていることも事実だ。ブルックスが東日本大震災後、アイロボット社から福島に寄付したロボットたちは、福島第一原子力発電所の原子炉建屋内の放射線量や温度・湿度を測定したり、瓦礫を移動したりする場面で大きな活躍をした。このロボットたちがいなければ、原子炉の冷温停止がかなり遅れていた可能性もあると言われている。[15]

とはいえ、こうした「使える」ロボットは、人工生命研究者たちが目指す「生命らしい」ロボットとはかなり違う。アイロボット社が福島に送ったロボットは、人工知能ベースのOSを搭載していたとはいえ、ドアを開くにも、オペレータが詳細に方法を指示する必要があった。「計算」と「生命」の間には依然として大きな断絶があるのだ。

当面役に立つ人工知能に満足するだけでなく、本当に生命を作ろうとするなら、計算と生命の間に横たわる厳然とした溝を直視する必要がある。そこから、計算とは別の隠喩、未知の概念を、真剣に探していかなければならない。ブルックスはこのように語ったのである。

耳の力学

ブルックスの講演を聞きながら、私はリーマンの最後の論文を思い出していた。十九世紀のドイツで活躍した偉大な数学者リーマン。その彼が最後に取り組んでいた論文は、意外にも「耳の力学」（Mechanik des Ohres）と題されていた。

これは、ヘルマン・フォン・ヘルムホルツ（一八二一―一八九四）による音の知覚理論（直接には初版が一八六三年に発表されたヘルムホルツの代表作『音感覚論』）に影響されて、リーマンが最晩年に取り組んでいた論文である。ヘルムホルツといえば、熱力学におけるエネルギー保存則を確立した一人としても知られる偉大な物理学者だが、同時に、視覚や聴覚の研究でも卓越した業績を残した一流の生理学者であった。リーマンはそんなヘルムホルツの研究を批判的に参照しながら、科学における「仮説」の位置付けについて、示唆に富む議論を展開しているのだ。

論文の冒頭で、リーマンは次のように切り出す。

耳の研究には、大きく二つの道筋があり得る。一つは、耳の解剖学的構造を明らかにした上で、それが耳全体の働きにどう寄与するかを問うアプローチ。もう一つは逆に、耳の働きから出発して、「どのような耳の構造があれば、この機能が実現できるか」と、逆向きにたどっていくアプローチである。リーマンは、古代ギリシア以来の伝統的な用語を使って、前者のアプローチを「総合的」と呼び、後者のアプローチを「分析的」と呼ぶ。[16]

リーマンはヘルムホルツによる先行研究に敬意を表しつつ、その前提となる方法論の妥当性を疑っていた。ヘルムホルツ自身は、彼の手許にある解剖学的知見を、耳全体の働きを説明するための「与えられた諸原因」とみなし、「総合的」なアプローチを採用していた。だが、リーマンはこの点に問題があると見た。

部分から全体を説明していく総合的なアプローチは、部分についての完全な知識が手許にあるときはよいが、「与えられた諸原因」が不完全な場合、導かれる結果もまた不完全になる。無理に結果を現実と符合させようとすれば、理論にアドホックな仮説が紛れ込んでしまう。ヘルムホルツ自身、まさにこの誤ちを犯していると、リーマンは厳しく指摘した。

ヘルムホルツは実際、みずからの理論の不備を補うために、「耳小骨が小さな音を発する」という恣意的な仮説を理論にしのびこませていた。[17] リーマンはここを見逃さなかった。

とはいえ、リーマンが目指すところは、ヘルムホルツの誤ちを糾弾して論争に勝利することではない。ヘルムホルツの研究をあくまで一つの事例としながら、彼はこの後、科学的探究における「分析」と「総合」のあるべき関係を論じていくのだ。

総合的なアプローチにこだわったヘルムホルツは、解剖学的な知識と、耳全体の機能との辻褄を合わせるために、恣意的な仮説を理論に導入する結果となった。対するリーマンは、耳全体の機能から出発し、具体的な内部構造についてはブラックボックスのままにしておく「分析的」なアプローチを提唱する。前提となる不完全な解剖学的知識は一度手放し、最終的な耳の機能を導くための理論的なモデルを、まずは自由に構想してみようというのである。

もちろんこの場合も理論に仮説を導入する必要はある。だが、仮説の恣意性は、注意深い配慮によって回避できる。仮説に基づいて製作したモデルの妥当性を、経験と逐一照らし合わせて検証し、仮説の恣意性が炙り出された時点で、その都度不適切な箇所を修正しながら仮説を更新していけばよいのだ。

彼は「分析」が「総合」よりも優れていると主張しているのではない。分析によって仮説を形成し、総合によってその妥当性を検証する。分析と総合は対立するのではなく、相補的(そうほてき)な、相互依存的な関係にある。

このときリーマンが考察の対象としたのは、あくまで耳のメカニズムだったが、ここで提案されている科学研究の方法は、人間の知能を研究するときにも有効である。推論や記憶、計算など、人間らしい知能を再現するために、脳についての不完全な解剖学的知識にアドホックな仮説を付け足していくのではなく、目指すべき知能を実現するために、脳がどのように作動しているかを、自由な仮説的推論によって考察するのだ。

だがこれはまさに、現代の認知科学が採用している方法である。推論や記憶、計算など、人間の知能の諸側面を再現するためのモデルを描く。モデルを計算機で実装し、振る舞いを人間と比較することで、仮説の妥当性を検証していく。リーマンがここで提唱している方法は、現代ではむしろ常識と言えるのかもしれない。

しかしリーマンがあえてこうしたことを論じなければならなかったのは、科学的探究における「総合」と「分析」の相補性が、しばしば見失われるからだ。

たとえばユークリッド幾何学の公理が「所与の仮定」で、それ以上原因を遡れないという見方は、十九世紀までは常識だった。ユークリッド幾何学こそは「純粋な総合」の範例だと信じられていたのだ。隠された仮定の恣意性を暴き、自由な仮説形成によって新しい幾何学を創造したのはリーマン本人である。

いかなる総合的探究の起点も、それに先立つ分析的探究の帰結である——これは、リーマンがみずからの数学を通してたどり着いた戦慄すべき確信なのだ。

リーマン自身、次のように記す。

「純粋に総合的な研究も分析的な研究も可能ではない。というのも、どの総合もそれに先立つ分析の結果に依拠しているし、どの分析も経験による検証のため、後続する総合を必要とするからである」

「総合」には、それに先立つ「分析」がある。仮説は、与えられたものではなく、探究とともに形成されるものである。これこそ、リーマンが最後の論文で訴えようとしたことではなかっただろうか。

それでも人は、何度でも同じ誤ちをくり返す。誰もが、自分こそは正しい足場に立っていると思い込んでしまうのである。計算機が透明なメディアではなく、「純粋な計算」という観念自体、少しも純粋でないということを忘れてしまえば、私たちはまた、リーマンの戒めた誤ちをくり返すことになる。

現代の「計算」の概念もまた、分析と総合の繰り返しのはてに形成された知的探究の果実なのだ。古代ギリシアの数学、算用数字と筆算、デカルトの代数幾何学、カントの理性批判、リーマンの概念形成、フレーゲの論理学……。このどれが欠けても、いまと同じ「計算」の概念はなかっただろう。「計算」とは、与えられたものではなく、創造されたものなのである。

計算という隠喩、計算という仮説の自明性を疑え。隠喩の犠牲者にならないために、新たな概念の形成に挑み続けよ。力強くこのように呼びかけるブルックスの言葉を聴きながら、私はリーマンのこの論文を思い出していた。

ブルックスはロボットを使って、新たな概念形成に挑む。直観によるのでも、論理によるのでもなく、身体を持つロボットに導かれた、新たな概念の創造である。

計算と生命の溝を埋める最後の鍵となる概念。それは、まだ誰も知らない数学から生まれるかもしれないとブルックスは語る。彼にとって、知能と生命の謎を解き明かすことは、新しい数学を見つけ出すことでもあるのだ。

もちろん、知能と生命の謎を解き明かすために必要な概念は一つではないかもしれない。進化には進化を理解するための、認知には認知を理解するための、意識には意識を理解するための、それぞれ鍵となる別々の概念があるかもしれない。あるいは、たった一つの概念の発見によって、知能や生命の謎が、一気に氷解する可能性もある。いずれにしても、新しい概念を探す必要がある。ロマンティックな科学者として、私はそう信じている。このようにブルックスは、この日の情熱的な講演を力強い言葉とともに締めくくったのである。

go with the flow

数学ほど、高速に未知の概念を生み出してきた学問はない。そうして生まれた概念はしばしば、ブルックスが語るように、科学の発展を駆動する強力な「隠喩」として機能してきた。代数方程式や座標の概念がなければ近代の力学はないし、リーマンの幾何学がなければアインシュタインの相対性理論はない。チューリングによる「計算可能性」の概念の定式化がなければ、この世に計算機はなく、人工知能をめぐる科学者の探究もあり得なかったはずだ。

数学はこれからも新しい概念を生み、世界の見方、あり方を変えていくだろう。ブルックスの言うように、まだ見ぬ新しい数学のなかから、知能や生命の謎を解く概念が見つかるかもしれない。

だが、数学は単に概念を生み出してきただけではないのだ。数学から生まれる新たな概念や思考の方法は、人間の自己像をも更新してきた。

古代ギリシアにおいて「演繹」という思考法が発明された。人は「かく考えることができる」と、『原論』は後世の人たちに大きなインスピレーションを与えた。

古代ギリシアの演繹的思考を模範に、デカルトは幾何学を代数的計算の世界へ解き放った。デカルトにとって数学は、明晰な知に至るための思考法の模範だった。いかにすれば数学以外でも、同じくらい明晰に考えることができるか。精神を正しく導くための「規則」と「方法」を、彼は探し求めたのだった。

カントは、デカルトの「観念」の代わりに「判断」から始めた。個人の内面における知の「明晰さ」よりも、普遍的に共有可能な知の「必然性」を重視した。普遍的で必然的な判断を支える規則とは何か。それを、彼は明らかにしようとした。

思考とは、規則に従う判断の連鎖だ。このヴィジョンをさらに克明にしたのがフレーゲである。彼が作り出した現代論理学の登場によって、規則に従う判断の連鎖は、隙間なく、厳密に、形式的な人工言語によって表現できるようになった。この基盤の上で、チューリングは「計算」の理論を構築した。

やがて、世界大戦の緊張と危機が、チューリングの構想した機械を実装に向かわせた。戦後、最初のデジタルコンピュータが完成し、規則に従う判断の連鎖は、ついに物理的に現実世界のなかで作動するようになった。

人工知能の誕生は、西洋の合理主義哲学の具現化である。著書『コンピュータには何ができないか』でドレイファスが見立てた通り、その後の人工知能研究は、人間の知能がいかに、単に規則に従うことだけではないかを明らかにしていく。知能を実現するために「状況」や「身体」が不可欠だと見抜いたブルックスが世に送り出したロボットたちは、「知能」を支える「生命」の探究へと、研究者たちを導いていった。

二〇一八年にお台場で開かれた人工生命国際会議のテーマは、「Beyond AI（人工知能を超えて）」であった。「規則に従う（follow the rules）」ことから出発した人工知能に対して、ここではむしろ、「流れに寄り添え（go with the flow）」が研究者たちの合言葉になっていた。人工知能が、問題を解くために理想化された「清潔」な空間で正確な計算を積み重ねていくとすれば、人工生命研究者たちはむしろ、「猥雑（messy）」かつ「雑音まみれ（noisy）」な環境に、身体ごと放り込まれた生命のあり方に迫ろうとしている。

肝心なのは、二つの立場の対立ではない。規則に従って緻密な思考を組み立てるのも、散らかっている不都合な環境にまみれて生き延びようとするのも、どちらも人間の本当の姿だからだ。人は、破ることのできる規則に従う理性的な存在であると同時に、混沌とした世界の濁流に巻き込まれた生命の一員でもある。

私たちはこれからも新たな概念を生み、そのたびに自己像を更新していくだろう。あらかじめ決められた規則へと自分を閉じ込めるためではなく、まだ見ぬ不確実な未来へと自分を投げ出していくように、計算と仮説形成を続けていくだろう。

いまとは違う何者かになることではじめて、自分が何者であるかを知る。「自己自身を知る」という古く困難な探究は、いつもこの繊細な矛盾を宿命として背負ってきたのである。

終章

計算と生命の雑種(ハイブリッド)

過去が、未来を食べている。[1]

——ティモシー・モートン

小石や粘土を使って人が数を操り始めたころ、地上で行われる計算の総量はわずかだった。会計などの仕事に携わるごく一部の人たちが、たし算やひき算をゆっくり遂行するのがせいぜいだった。

いまや小石や粘土では一生かかっても終わらない計算が、片手におさまる計算機(コンピュータ)ですぐに完了してしまう。何十億もの人がこうしたコンピュータを日常的に持ち歩くようになったいま、文字通り世界には、計算が溢れるようになった。

古代から現代まで、計算の風景は、著しく変容してきた。だが、あらかじめ決めた規則にしたがって記号を操作しているという意味では、粘土を並べることも、コンピュータを動かすことも同じだ。粘土の力を借りて7と8を区別するにせよ、スーパーコンピュータを使って未来の気候をシミュレートするにせよ、計算の力を借りて人は、生来の認識を拡張し、まだ見ぬ未知の世界に触れようとしてきたのだ。

計算は、規則通りに記号を操るだけの退屈な手続きではない。計算によって、人はしばしば、新たな概念の形成へと導かれてきた。そうして、既知の意味の世界は、何度も更新されてきた。人間が現実を計算しているだけでなく、しばしば計算こそが、新たな現実を立ち上げてきたのだ。

計算によって、新たな現実を構築していくこと。これは、数学の外でも進行している。百年後の気候や初期宇宙の時空の構造、あるいは進化のメカニズムなど、科学者たちは、五官ではじかに触れられない物事にまで、地道な計算を通じて迫る。長期的な気候変動や、宇宙の時空の構造などは、じかに目で見たり手で触れたりすることはできない。計算を媒介しなければ接触できないこうした対象を、現代の科学は、新たな現実として受け入れている。

計算によって拡張された現実を生きているのはしかし、数学者や科学者だけではない。暮らしの何気ない場面にも計算が深く浸透してきているいま、誰にとっても、計算は現実の一部になってきているのだ。

計算される未来

本章を執筆している現在、新型コロナウイルスがグローバルに猛威を振るっている。

世界の感染者数は一億人を超え、感染のこれ以上の拡大を何とか食い止めようと、各地で外出や行動を制限する緊急の措置がとられている。

中世のヨーロッパでペストが大流行した際にも、患者の隔離や都市封鎖（ロックダウン）などの対策がとられたというが、いま世界各地で行われているロックダウンは、数理モデルに基づくシミュレーションを根拠としている点で、中世の場合と状況が大きく異なる。

実際、二〇二〇年の三月、それまで集団免疫を獲得する路線で緩和策をとっていたイギリスが、にわかに強い外出制限へと政策方針を転換させるきっかけとなったのは、インペリアル・カレッジ・ロンドンの「新型コロナウイルス感染症対応チーム（COVID-19 Response Team）」による計算だった。このとき発表された報告[2]によれば、ロックダウンなどの強い対策を伴わない緩和策を続けた場合、英国だけで数十万人が死亡し、医療システムのキャパシティを大幅に超過してしまうだろうという予測だった。この報告を受け、英国は強い外出制限へと劇的に政策を転換させることになる。その後も、計算によって先取りされた未来の危機から逃れるために、世界各地でロックダウンが遂行された。

二〇二〇年の夏にオンラインで公開された講義「『災害』の環境史：科学技術社会とコロナ禍」[3]のなかで、京都大学の瀬戸口明久は、こうして「シミュレーションが災害のなかに組み込まれている」ことこそ、今回の災害の顕著な特徴であり、数理モデルに基づく政策決定が、ここまで大規模に実行された前例はないと指摘している。これは、計算による未来の予測が、いかに強く現実に作用するようになってきているかを、あらためて印象づける例だ。

もちろん、人類がいま計算によって懸命に予測しようとしているのは、COVID-19の感染者数の動向や、感染症対策の効果だけではない。企業は膨大なデータを駆使しながら消費者の動向を予測し、警察や諜報機関は、様々なモデルを駆使しながら、犯罪を未然に防ごうとしている。コンピュータが高速化し、扱えるデータが急速に増え続けるなかで、私たちの生きる世界の隅々にまで、予測の網は張りめぐらされているのだ。

かつて、計算によって未来を予測できるという事態は、決して当たり前ではなかった。いまからおよそ百年前のイギリスで、世界で初めて数値計算による天気予報を試みたルイス・フライ・リチャードソン（一八八一―一九五三）は、六時間分の天気変化を、みずから計算で「予報」しようとしたが、このとき結果を出すのに、六週間かかったという（しかも計算結果は実際の天気と一致しなかった）。つい百年前まで、計算は現実にまったく追いつかなかったのである。

それでもリチャードソンは、「いつか漠然とした未来に、天気が変化するよりも速く計算ができる日が来るかもしれない」と夢を語った。六万四千人が劇場のような大きなホールに集まり、一人の指揮者のもとで淡々と計算を進めていく「予報工場」が整備できれば、実際の天気に負けない速さで、世界の天気を予報できるようになるかもしれないと夢想したのだ。[4]

リチャードソンの夢を現実に変えたのは、計算者（コンピュータ）で溢れかえったホールではなく、計算機（コンピュータ）の登場だった。一九五〇年、アメリカで誕生した電子コンピュータＥＮＩＡＣを使ったグループが、二十四時間の天気予測を、二十四時間で実行することに成功した。その後、コンピュータの速度は飛躍的に増し、いまではスマホを開けば、数時間後の雨雲の状態の予測も、簡単に確認することができる。

天気の予報だけでなく、ウイルスの感染拡大や、グローバルな気候変動、あるいは放射性廃棄物の将来にわたる環境への影響など、人間の生存にかかわる深刻なリスクを推し量るためにも、日夜たくさんの計算が行われている。

問題は、計算で未来をシミュレートできるようになると、それが本当の未来であるかのような気持ちになってしまうことだ。実際には、どんな数理モデルであろうと、いくつもの仮説に基づいている。仮説が間違っていれば、正しい計算を重ねたとしても、得られる結果は現実と一致しない。

実際、リチャードソンの「予報」が現実と一致しなかったのも、単に計算が間違っていたからではなく、モデルそのものの不備に一因があったようだ。[5] どれほどモデルを改良したとしても、モデルはあくまで現実の単純化である。そのため、たとえ正確な計算を実行できたとしても、シミュレーションの結果それ自体を、未来と混同してはいけない。

データと計算の帰結に照らし合わせながら、仮説の妥当性を問い返し、モデルを修正し続けていく必要がある。自分が間違っているかもしれないという自覚をいつも持ち続けていなければ、私たちは計算の前提として「隠された仮説」に、無自覚に囚われてしまうことになる。

「大加速」の時代

現代は、「大加速（the great acceleration）」の時代と呼ばれている。[6] これは、特に二十世紀半ば頃からの人間活動の顕著な増大と、それに伴う地球システム全体の変容によって特徴づけられる時代だ。

世界人口が十億人を突破するには、人類誕生から十九世紀までかかった。だが、そこからさらに十億人増え、世界人口が二十億人を超えるまでには、わずか百二十年しかかからなかった。加速はさらに進み、一九七四年に四十億人を突破した人口が、およそ半世紀で、倍の八十億人に膨れ上がろうとしている。

こうした急激な人口増加の結果、あらゆる人間活動の総量が増大している。たとえば、一九四五年以後に排出された二酸化炭素の量は、人類が誕生以来それまで排出してきた二酸化炭素の総量の四分の三を占める。この間に、自動車は四千万台から八億五千万台に増え、都市生活者は七億人から三十七億人に増えた。一九五〇年のプラスチック生産量がおよそ一千万トンだったのに対して、二〇一五年にはおよそ三億トンまで増加している。[7]

だが、「加速」しているのは人間活動だけではない。人間活動の暴走に応答するように、地球システム全体が変調をきたし始めているのだ。

大気中の温室効果ガスの蓄積により、深刻な地球温暖化がもたらされている。海洋の酸性化が進み、生物の多様性がすさまじい勢いで失われている。地球上の生物種の絶滅速度は、自然要因の五百から千倍にも達していると言われている。地上の生物全体のなかで、わずか〇・〇一%の重量を占めるに過ぎない人類[8]が、地上のあらゆる生物種の命運を左右するほど、地球システム全体に影響を及ぼしているのだ。

新興感染症の流行もまた、こうした人類活動の著しい加速と無縁ではない。森林の焼失や急速な都市化の進展によって、野生動物は従来の活動の場を失い、人間との適切な距離を確保することが難しくなってきている。野生動物が取引される市場では、しばしば自然界ではあり得ない狭さに動物たちが押し込められて、ウイルスが増殖する温床となっている。そもそも野生動物の数自体が、人為的な環境の攪乱によって急激に減少しているので、新たな宿主を探し求めたウイルスが、ときに人間の細胞に到達することにもなる。

野生動物から人間に病原体が移動するリスクは、こうした種々の条件によって高まっている。HIVやエボラ、鳥インフルエンザやSARS、MERSなど、野生動物由来の新興感染症は今後、さらに高い頻度で人類を襲う可能性があると言われている。

ウイルスが人体に移動しなければいけない条件を作ってきたのは私たち自身なのである。ウイルスは、人体への一方的な侵入者ではない。厄介な感染症に苦しめられながらいま、私たちは当面の危機に蓋をするだけでなく、これまで自分たちを住まわせてきてくれた「宿主（＝地球、生命圏）」の傷みに、真剣に向き合っていく必要がある。

ハイパーオブジェクト

計算の力を借りて生来の認識を拡張していかない限り、ウイルスや氷床、気候や地球規模の生態系など、人間のスケールを圧倒的に凌駕した対象について、私たちは考え続けることができない。

実際、コンピュータを使って過去と未来の気候をシミュレートすることができなければ、そもそも地球温暖化という現実を把握することも難しいだろう。

夏の暑さは、コンピュータの助けを借りなくても実感できるが、少なくとも過去六千六百万年のうち最速のペースで二酸化炭素が大気中に蓄積していること[9]、このままいけば産業革命前に比べて今世紀末には四度以上世界の平均気温が上昇するかもしれないということ[10]、こうしたことを「肌で感じる」のは不可能である。

気候やウイルス、あるいは地球規模の生態系など、人間のサイズを圧倒的に凌駕した広がりを持つ対象に着目し、これを「ハイパーオブジェクト」と呼ぶのは、アメリカのライス大学を拠点に独自の環境哲学を展開するティモシー・モートン（一九六八―）である。ハイパーオブジェクトとは、単に「大きなオブジェクト」ではない。地球温暖化は私たちの皮膚を焼き、地球規模に広がるウイルスは粘膜に付着してくる。ハイパーオブジェクトは、不気味なほどじかに、私たちに張りついてくるのだ。

全貌が見わたせないほど巨大で、にもかかわらず身体に粘着してくるこうしたものたちが、人間中心主義を機能不全に追い込んでいるとモートンは説く。ウイルスに粘膜を侵され、うだる夏の暑さに皮膚を焼かれながら、私たちは人間（human）を、人間でないもの（nature）から清潔に切り離すことが、不可能であることを思い知らされている。

デカルトは、体内に何兆ものバクテリアが棲んでいることを知らなかった。カントは、太陽から降り注ぐ夥しい数のニュートリノが全身を貫通していることに気づかなかった。フレーゲは、自分のゲノムの一部が、古代のウイルス由来の配列で占められていることなど、想像するすべもなかった。

だが私たちはいま、自分の朝の発熱が、地球規模のパンデミックの局所的な現れかもしれないと感じる。今日の暑さが、生物の大量絶滅を引き起こしている気候変動の一部かもしれないと考える。こうして、いつも自分が、無数の異なるスケールの事物が錯綜する網（メッシュ）のなかに編み込まれていると実感すること。これをモートンは、「エコロジカルな自覚（ecological awareness）」と呼ぶ。

私たちはこれまで、宿主であるヒトの細胞に棲みつこうとするウイルスに対しては

「出て行け」と要求しておきながら、みずからの宿主である地球環境は「発熱」するほど乱暴に扱い、他方で、仲間同士で「家にいよう（stay home）！」と呼びかけ合ってきた。一つの尺度では正義と見えることが、別の尺度で見るとまったく辻褄が合っていない。エコロジカルな自覚は、これまで自明とされてきた人間中心の首尾一貫した「世界」という観念を破り、いつも別の尺度があり得るという事実を、私たちに突きつけてくるのだ。

二〇一三年に刊行された著書『ハイパーオブジェクト』（*Hyperobjects*）でモートンは、独特のリズムを刻む軽快な文体でこうした議論をくり広げながら、環境の危機を、危機として煽るのではなく、むしろこれを契機として、新たな人間の思考と感性の可能性を追求していく。

ハイパーオブジェクトの存在は、私たちの常識と感性を揺さぶる。何より、人間を「謙虚」にするのだ。理性という高みから万物を見下ろすという自己像が解体されるとき、人間は支配と統御の主体ではなく、他者との接触に感性的に応答する謙虚な主体へと生まれ変わっていく。

モートンはこれを「humiliation」と呼ぶ。「humiliation」は「humility（謙虚）」と同じく、ラテン語の「humus（大地）」「humilis（低い）」に由来する言葉で、「屈辱」や

「恥」を意味するが、モートンはこれを、低く、大地へと人間の立場を引き下げていく、新たな謙虚さへの道ととらえなおしていくのだ。

ハイパーオブジェクトとの接触は、人間を自然界の頂点という「高み」から引きずり下ろし、人間でないすべてのものと同じ地平へと、「低く」降り立っていくことを余儀なくさせる。視線を大地へと下ろすその先に、新たな生の可能性が開ける。清潔で純粋な世界という幻想にしがみつくのではなく、不気味な他者とも波長を合わせながら、新たな現実へと感性をなじませていくのだ。

こうして、すべてを見通す高みからの視野という幻想から解き放たれるとき、一つの尺度に基づく「正しさ」や「確実さ」よりも、他者の存在に耳を澄ませ、これに生命として応答していく力こそが求められることになる。

生命の自律性

本書で見てきた通り、計算の歴史を紐解いていくとき、認識の「確実さ」をしつこく追求したデカルトの時代に、一つの大きな画期を見出すことができる。古代ギリシア幾何学に体現される数学的な認識に心奪われたデカルトは、数学的な思考の本質を方法として取り出し、これを他の学問にも適用していきたいと願ったのだった。彼の当初の計画のすべてが実現したわけではなかったが、哲学的な動機に駆動されたデカルトの数学研究は、代数的な計算による幾何学という、まったく新たな数学の可能性を開いた。ここに至って計算は、もはや単なる数の操作ではなくなり、確実な推論を支える方法として、新たな生命を宿し始めた。

十九世紀のリーマンの時代には、数式と計算の代わりに、概念に駆動された数学が花開いた。リーマンと同じゲッティンゲンで数学を学んだフレーゲは、基礎的な概念へと遡及していく当時の数学の潮流のなかで、数学の最も基本的な概念である「数」を理解することに生涯をかけ、その過程で現代の論理学を生み出していった。フレーゲの挑戦は、あくまで規則に従う記号の操作に徹して、人間の思考に迫ろうとするものだった。「計算する機械」に、知能が宿る可能性をチューリングが見出すことができたのもまた、先人がこうして地道に積み上げてきた、計算を囲む文脈があったからだった。

記号を操作するだけの機械も、しかるべき規則を与えることができれば、思考することができるのではないか。ここから、機械を使って人間の知能を模倣していく、人工知能の探究が動き出していく。

いまや計算機は圧倒的な速度で膨大なデータを処理できるようになり、人工知能は将棋や囲碁などの高度なゲームでも、人間を打ち負かすまでになった。計算による予測の網は社会の隅々にまで張りめぐらされ、もはや私たちが生きる日常の一部だ。粘土の塊を一つずつ動かしていくことが計算のすべてだった時代から、こんなにも遠くまで来たのだ。

それでも現代の科学はいまなお、生命と計算の間に横たわる巨大な距離を、埋められずにいる。人工知能の最先端の技術も、現状ではあくまで、行為する動機を外部から与えられた「自動的（automatic）」な機械の域を出ていない。いまのところ人間は、行為する動機をみずから生み出せるような「自律的（autonomous）」なシステムを構築する方法を知らないのだ。[11]

生命の本質が「自律性」にあるとする見方はしかし、これじたい決して自明ではない。化学物質の配置に操られて動くバクテリアや、光に向かって反射的に飛び込んでいく夏の虫などを見ていたら、生命もまた、外界からの入力に支配された他律系だと感じられるかもしれない。実際、黎明期の認知科学は、生物の認知システムもまた、計算機と同様、他律的に作動するものだと仮定していたのだ。

このとき暗黙のうちに想定されていたのが、「外界からの入力―（表象による）内的な情報処理―外界への出力」というモデルである。一見すると当たり前に思えるかもしれないが、認知主体の内部と外部に世界を画然と分かつこうした発想は、認知主体を、認知主体の外部から観察する特殊な視点に根ざしていた。

このことの限界を指摘し、生命を自律的なシステムとして見る新しい思考を切り開いていったのが、チリの生物学者ウンベルト・マトゥラーナ（一九二八―）である。

たとえば、カエルがハエを認識し、それを捕食する場面を想像してみよう。このとき、カエルを外から観察する視点からすれば、カエルの外部に、カエルとは独立した「本当の世界」があるように見える。ハエは、カエルとは独立した世界に存在していて、カエルはその外部にいるハエを内的に表象している。だからこそ、それを捕まえることができるのだ、と。

ところが、今度はカエルの視点に立ってみると、本当の世界などどこにもないことに気づく。カエルが経験できるのは、どこまでもカエルの世界でしかない。カエルの立場からすれば、入力も出力もないのだ。

認知主体の外から、認知主体を見晴らす観察者の視点に立つとき、「入力―情報処理―出力」という他律的なモデルが妥当に思えるが、認知主体の立場から見ると、事態はまったく異なってくるのである。

ありのままの認知現象を捉えようとするならば、まず、認知主体の外部に「本当の世界」を措定してしまう、特権的な観察者の立場を捨てなければならない。マトゥラーナは、共同研究者フランシスコ・ヴァレラ（一九四六―二〇〇一）との共著『オートポイエーシスと認知』(*Autopoiesis and Cognition*, 1980）の序文のなかで、このことに気づき、生物学に対するスタンスを変えることになった経緯を打ち明けている。

マトゥラーナはもともと、カエルやハトなどを対象として、生物の色知覚に関する研究をしていた。このとき彼は、物理的な刺激と、これに応答する神経系の活動の間に、素直な対応があると想定していた。つまり、客観的な色彩世界を、生物は神経細胞の活動によって「表象」していると考えていたのだ。とすれば、やるべき仕事は、外界の色に対応する神経細胞の活動パターンを見つけ出すことにあるはずだった。

ところが、研究はほどなく壁にぶち当たった。外界からの刺激と、ハトの神経系の活動パターンの間に、素直な対応が見つからなかったのだ。同じ波長の光の刺激に対して、異なる神経活動のパターンが観測されることがしばしばあった。ハトの神経活動を調べている限り、客観的な色彩世界の存在を示唆するものはどこにもなかったのである。

そこで彼は、発想を大胆に変えてみることにした。ハトの網膜と神経系は、ハトと独立にある外界を再現しようとしているのではなく、むしろハトにとっての色世界を生成するシステムなのではないか。ここから彼は、研究へのアプローチをがらりと変える。

生物の神経系は、外界を内的に描写しているのではなく、外的な刺激をきっかけとしながら、あくまで自己自身に反復的に応答し続けている。生物そのものもまた、外界からの刺激に支配された他律系ではなく、みずからの活動のパターンに規制された、自律的なシステムとして理解されるべきなのではないか。こうした着想を起点に、彼はその後、新しい生物学の領域を切り開いていく[12]。

では、生命そのもののような自律性を持つシステムを、人工的に作り出すことは可能なのだろうか。これは前章で見た通り、人工生命を追求する科学者が、まさにいまも全力で取り組んでいる問いだが、まだ誰も答えは知らない。自律的な生命と、自動的な計算の間には、依然として大きな溝が広がっているのだ。

この間隙を性急に埋めようとするとき、生命を計算に近づけようとする結果にもなりかねない。極端な話、私たち自身が外から与えられた規則を遵守するだけの自動的な機械になってしまえば、計算と生命の溝は埋まる。スマホに流れてくる情報に反射しながら、ゆっくりと息つくまもなくせっせとデータをコンピュータに供給し続ける私たちは、計算を生命に近づけようとしているより、みずからを機械に近づけようとしているようにも見える。だが、これでは明らかに本末転倒である。

ドレイファスはすでに半世紀前に、計算機が人間に近づいていくより、むしろ、人間が計算機に近づいていく未来の危険性を説いた。人間を超える知能を持つ機械の出現ではなく、人間の知性が機械のようにしか作動しなくなることをこそ恐れるべきだと語ったのだ。[13]

肝心なことは、計算と生命を対立させ、その間隙を埋めようとすることではない。これまでも、そしてこれからもますます計算と雑（まざ）り合いながら拡張していく人間の認識の可能性を、何に向け、どのように育んでいくかが問われているのだ。

responsibility

モンティ・パイソンの「哲学者サッカー」（*The Philosophers' Football Match*）というスケッチ・コメディーがある。これは、古代ギリシアとドイツの哲学者たちが、サッカーで対決するというシュールな喜劇だ。古代ギリシアチームには、ソクラテスやプラトン、アリストテレスやアルキメデスら、錚々たるメンバーがいる。ドイツチームもまた、カント、ヘーゲル、ハイデガー、マルクスなど、豪華な布陣である。

最初に審判の孔子が試合開始の笛を鳴らす。ところが、哲学者たちは一向にボールを蹴ろうとしない。「はたしてボールは実在するのか」「そもそもサッカーとは何であるか」など、それぞれの哲学的な思索に忙しい様子だ。

そのまま前半戦が何も起きないまま終わる。ようやく、後半戦終了間際になって、アルキメデスが「ユリイカ（わかったぞ）！」と叫び、ついにボールを蹴る。そこからギリシアチームが猛烈に攻め込み、アルキメデスがサイドからクロスボールを上げると、ソクラテスがヘディングで鮮やかにシュートを決める。マルクスがオフサイドを主張するが、審判の孔子は取り合おうとしない。結局、試合はギリシアチームの勝利に終わる。

現代の認知科学者は、生物の認知を特徴づける重要な性質として、身体性（Embodiment）や状況性（Situatedness）、脳内だけでなく環境の情報を生かして判断や行為を生成していく拡張性（Extendedness）などを指摘している。スポーツ選手に求められるのは、まさにこうした生命らしい知性だ。一度開始の笛が鳴れば、試合は待ったなしで進行していく。選手にとって大切なことは、試合を描写することでも理解することでもなく、進行し続ける試合の流れに参加することである。

ところが哲学者たちは、試合の進行から切り離されたまま、状況と無縁な思考に耽り、しかも結論が出るまで動こうとしない。

目の前の状況に流されないことは、抽象的な思考をくり広げるためには必要なことかもしれない。ゲームの前提そのものにまで立ち返り、仮説を問い直す思考こそ、しばしば新たな世界を開拓してきた。だが、少なくともサッカー場においては、状況を踏まえない知性は滑稽でしかない。

状況に即座に対応すべき場面で思索に耽る——そんな哲学者たちの姿を「哲学者サッカー」はコミカルに描き出す。が、私たちはこれを、喜劇として笑い飛ばすことができるだろうか。地球温暖化について、生物多様性の喪失について、私たちが直面している様々な危機について、世界中の科学者たちがいまも膨大なデータを解析し、未来のシミュレーションをしている。人類を総体として見れば、地球環境について懸命にデータを集め、膨大な計算をしていると言えよう。

だが、計算し、データを蓄積する一方で、まるで「哲学者サッカー」の哲学者たちのように、結論が出るまで動こうとしていない。

モートンは、著書『ハイパーオブジェクト』のなかで、地球環境の危機に直面しながらこれに応答することができないままでいる私たちの姿を、少女が道路に飛び出そうとしているのを助けようとしない「無責任」な人間になぞらえている。

小さな少女が、トラックの前に飛び出そうとしている。見知らぬ人がそこに通りかかる。彼女は、少女を助けるべきだと思うが、本当にそうすべきなのか確信がない。そこで、一連の手短かな計算をする。トラックは、減速しても間に合わない速度で走っているのか。もしかしたら減速すれば間に合うのか。トラックの運動量は、減速したとしても少女に激突するほど大きいのか。（……）彼女は結局、トラックは少女に追突するという結論に達する。（目の前で）彼女の考えた通りになる。[14]

子どもが危険な道路に飛び出そうとしているとき、果たして本当に轢かれるのか、あるいは、轢かれる確率がどれくらいなのか、それを計算していては間に合わないのだ。十分な理由を見つけるまで動かないことはこの場合、それ自体が倫理に背く行いになる。目の前で子どもが道路に飛び出そうとしているのを目撃したら、思わず手を差し伸べるだろう。考える前にパスを出すスポーツ選手のように、気づいたときには子を助けようとするだろう。これこそが、字義通りの「responsibility」である。「responsibility」は「責任」とも訳されるが、文字通りには、「応答（respond）」する「能力（ability）」のことだ。

溶解していく氷床や、失われていく生物多様性、崩壊していく海洋生態系などの環境の異変に対して、私たちは幼子に対するのと同じように速やかに応答することができていない。まるで、道路に飛び出す子を前にしながら、轢かれる証拠が揃うまで動こうとしない機械のように、計算ばかりしていて動かない。

このままでは、ドレイファスが危惧した状況そのものではないか。機械が人間に近づくのではなく、人間がまるで機械のように、目前の状況に応答する力を発揮しないまま、計算に耽溺しているのだ。

正しく計算結果を導出するだけでなく、計算の帰結を、意味に翻訳するために、数学者たちが数々の概念を生み出してきた歴史を本書では見てきた。だが、もはや人間が意味や概念を生み出していく速度では追いつかないほど、計算は加速し続けている。コンピュータが扱えるデータ量が急激に増大しているいま、そもそも計算に意味を感じることと自体が、ますます難しくなってきている。

むしろ、意味の理解は放置したままでも、計算の結果が役立ってしまうのが、近年の人工知能の技術の驚くべきところだ。計算の意味を考え、理解のための概念的な枠組みを構築せずとも、コンピュータに大量のデータを投入してしまえば、魔法のように問題が解かれてしまうことも珍しくない。

たとえば、人工知能を研究するアメリカの非営利団体オープンＡＩが二〇二〇年六月に公開した「ＧＰＴ－３」は、人間が書いたものとほとんど見分けがつかない水準のエッセイや詩、プログラムのコードなどを自動生成してしまう驚くべき技術で、公開とともに、最新の人工知能の超速の進歩を世界に印象づけた。

ＧＰＴ－３は、ウェブや電子書籍から収集した一兆語近い単語の統計的なパターンを学習して文章を作成していて、人間のように言葉を「理解」しながら作文をするわけではない。肝心なのは、意味よりもデータであり、理解よりも結果なのだ。こうした技術が目覚しく進歩していくなかで、意味や仕組みを問わずとも、計算の結果さえ役に立つなら、それでいいではないかという風潮も広がってきている。

だが、意味や理解を伴うことのないまま、計算が現実に介入するとき、私たちは知らず知らずのうちに他律化していく。しかも他律化した人間を支配するのは、あくまでまた、別の人間である。何しろコンピュータに意志や意図はない。膨大なデータを処理する機械の作動に振り回されるとき、私たちは「人間を超えた」機械に支配されているのではなく、人間が過去に設定した「隠された仮説」に、支配されているだけなのだ。

キャシー・オニールは著書『数学破壊兵器』（*Weapons of Math Destruction*, 2016）[15]のな

かで、中立的で透明な計算という装いのもと、しばしばいかに暴力的な先入観や偏見が、アルゴリズムに潜り込んでいるかを、様々な事例とともに紹介している。ある人物がリスクの高い借り手かどうか、テロリストかどうか、あるいは、教師として適任かどうかの「可能性」が、大量の統計処理とともに、人間が設計したアルゴリズムのもとで計算される。こうした計算の結果が、一人の人生をひっくり返してしまうこともある。

だが、神託のように下されるアルゴリズムに潜伏している、見えない偏見や仮説を意味として取り出してくることは、ますます難しくなってきているのだ。

深く計算が浸透し、自動化が進んでいく現代の社会が抱える問題は、「過去が未来を食べている」ことであると、モートンは二〇二〇年に開催されたオンライン講演『Geotrauma』[16]のなかで語った。

計算を縛る規則は、計算に先立って決められている。これは、人間の代わりにコンピュータが計算をする場合も同じだ。学習に基づいてプログラムを更新できる人工知能であっても、プログラムの更新の仕方そのものは、厳密にあらかじめ設計者によって規定されている。だからこそ、過去に決められた規則を遵守するだけの機械に、無自覚に身を委ねていくことは、未来を過去に食わせることになる。

だが本書ではむしろ、計算が未来を開いてきた歴史を見てきた。

計算の帰結を受け止め、意味を問い直し続ける営みが、未知の世界を開いてきた。規則にしたがって記号を操ることと、その意味をわかろうとすることの緊張関係が、計算に生命を吹き込んできたのだった。

計算が加速し続けるこの時代に、過去による未来の侵食に抗うためには、わかることと操ることの緊張関係を、保ち続けなければならない。緊張関係を性急に手放し、計算の帰結に生命として応答する自律性を失くしてしまえば、計算は、ただひたすら過去が未来を食べるだけの活動になる。

人はみな、計算の結果を生み出すだけの機械ではない。かといって、与えられた意味に安住するだけの生き物でもない。計算し、計算の帰結に柔軟に応答しながら、現実を新たに編み直し続けてきた計算する生命である。

指や粘土の操作でしかなかった計算が、人間と雑り合いながら新たな意味を生み出し、成長してきた歴史をたどってきた本書を通して、浮かび上がってきたのはこのような、私たち自身の自画像である。

激動する不確実な地球環境のなか、他の生物種たちとともにこの地上で生き延びていくためには、計算を通してしか接触できない他者にすら、応答する力（レスポンシビリティ）を発揮していかなければならない。このためには、計算による認識の大胆な拡張とともに、自律的な思考と行為による意味の生成を、これからも続けていかなければならないだろう。

計算と生命の雑種(ハイブリッド)としての、私たちの本領が試されているのだ。

あとがき

本書に先立ち、二〇一五年に刊行した前著『数学する身体』で私は、数学を通して人間の「心」に迫った二人の数学者、アラン・チューリングと岡潔を描いた。チューリングが、心を作ることで心を理解しようとしたとすれば、岡は、心になることで心をわかろうとした。私はこのように二人のアプローチを対比させ、数学を通して心を探究していく、多様な可能性を浮かび上がらせてみようとした。

本書は、『数学する身体』の刊行の翌二〇一六年に着手し、一七年から一八年まで雑誌「新潮」に掲載された連載がベースとなっている。〈心と身体と数学〉というキーワードを中心に展開した前作での思考の流れの先で、私は、心を形づくる「言語」と、身体を突き動かす「生命」、そして数学の発展を駆動してきた「計算」という営みに、徐々に関心を集中させていった。あえて前作と対比するならば、〈言語と生命と計算〉が、本書の主題となっている。

これは、いま思えば無謀と言っていいほど、あまりに大きな目標設定である。この五年、課題の大きさに押し潰されそうになることが、一度や二度ではなかった。

まず、心から言語へ、という流れを切り開いた先駆者として、フレーゲの仕事を読み込むところから始めた。だがこのためには、十九世紀ドイツで花開いた「概念」の数学、そして、それに先立つカントの数学思想など、一つずつ丁寧に、把握し直していく必要があった。めまぐるしく変容し続ける「現代」が、高速にすぐそこで進行していくのを後目(しりめ)に、私はひたすら、過去に潜り続ける日々を過ごした。

もちろん、探究は過去に遡っていく一方ではなかった。フレーゲによって切り開かれた、言語と規則についての原理的な考察は、やがて生命の世界へと奔出していく思考の流れの、豊かな源泉なのである。本書では、ウィトゲンシュタインやブルックスらの探究に注目を寄せながら、言語から生命へと溢れ出していく思考の水脈を追った。無数の先人の探究が錯綜する、豊穣な学問と思索の網の、ごく一部にしか光を当てることができなかったのは、ひとえに筆者の力不足だ。それでもなお、一足飛びに心から生命に飛躍するのではなく、心から言語へ、そして言語を突き詰めていく果てに生命へと、躍動していく思考の流れを追体験する喜びを、少しでも読者と分かち合えたとしたら嬉しい。

本書は、前作と同様、連載のほかに、全国各地で開催してきた「数学の演奏会」や「大人のための数学講座」「数学ブックトーク」などのライブの場で、少しずつ重ねてきた思考をまとめたものである。特に、大人のための数学教室「和から」の主催で、二〇一六年から二〇年まで、全四期にわたって東京で開催してきた「『数学する身体』実践ゼミ」は、ユークリッドの『原論』やデカルトの『幾何学』、フレーゲの『算術の基礎』など、本書にも登場する数学史の古典を、あらためて「計算の歴史」に位置づけ、読み解いていく試みで、本書の核となる思考の多くの部分が、このゼミのなかで生まれた。

筆者にとって、学ぶことの最大の喜びは、「わかる」経験を分かち合うことであり、ライブやゼミに参加してくださる方の表情や熱意にじかに触れられることが、いつも学びの原動力であった。新型コロナウイルスの感染拡大以来、こうした機会が少なくなってしまっているが、本書執筆の最後まで、ライブの場を分かち合うことができたたくさんの方々の表情を、目に浮かべながら原稿と向き合ってきた。

全国でのライブ活動を中心とした毎日が、にわかに停止してしまったとき、しばらく途方に暮れてしまった。だが、それまで順調に作動していた思考と行為の流れが行き詰まったときこそ、無自覚に依存していた足場の「仮説性」が浮き彫りになり、新たな仮説の構築が始まるときだ。私はいま、子どもたちとともに、学びと、教育と、遊びが、渾然一体となった、新たな研究と学習の場を、作り出していこうとしている。「鹿谷庵（ろくやあん）」と名づけた東山の麓の小さなラボで、まずは少しずつ実験的な試みを始めているところだ。

計算から生命へと導かれてきた本書の探究の続きは、いきいきと生命が集う、新たな学びの場の創造とともに、地道に追求していきたいと思う。生命を作ることで生命を理解するのではなく、生命になることで生命をわかるという道があるとするなら、それがどのようなものであるかを、みずからの実践を通して模索していくのが、私の次の大きな課題なのだ。

＊＊＊

本を作るということはそれ自体、「加速」に抗う営みである。一つの言葉が、紙に刷られて、読者のもとに届けられるまでに、編集者や装丁家、校正者や印刷、製本、取次や営業の方、そして書店員などなど、たくさんの人がかかわっている。何もかもが加速していくこの時代に、これだけ多くの人の力を借りて、時間をかけて言葉を届けられることのありがたさを、あらためてかみ締めている。

とりわけ、この五年間、ときに極度に「減速」する私の思考に、辛抱強く付き合い続けてくださった新潮社の足立真穂さん、そして、連載時にいつも力強いコメントで、執筆を励まし続けてくださった「新潮」編集長の矢野優さん、本当にありがとうございました。

最後に、もはや人間には処理不能な膨大なデータが、日々生産され続けるこの時代に、一冊の本を手にとり、立ち止まって頁を開いてくださる、すべての読者のみなさんに、心から感謝しています。本の力に支えられて生きてきた一人として、本書もまた読者に、少しでも新たな喜びをもたらすものであることを願っています。

二〇二一年二月　鹿谷庵にて

註

＊文献については、二三五頁をご覧ください。

第一章 「わかる」と「操る」

1 Madeline Gins and Arakawa, *Architectural Body* より。筆者訳。

2 Rochel Gelman and C. R. Gallistel, *The Child's Understanding of Number*, Harvard University Press, 1978.

3 Karen Winn, Children's acquisition of the number words and the counting system, *Cognitive Psychology* 24 (2): 220-251, 1992.

4 M. H. Schieber and L. S. Hibbard, How somatotopic is the motor cortex hand area?, *Science* 261: 489-492, 1993.

5 Andy Clark, *Mindware* 第五章にこの研究の紹介がある。

6 彼女が描くこのシナリオはその後、いくつかの不備も指摘されているものの、説を全面的に覆すような反論は出ていないという。たとえば、小林登志子『シュメル　人類最古の文明』を参照。

7 林隆夫「インドのゼロ」（『数学文化』第30号）。ただし「筆算」とは言っても、紙と鉛筆によるものではなく、アルゴリズムも現在のそれとは違った (Stephen Chrisomalis, *Numerical Notation: A Comparative History*, p.215)。

8 とはいえ、この仕組みが本当にインド起源なのかどうかについては論争がある。Lam Lay Yong, The Development of Hindu-Arabic and Traditional Chinese Arithmetic, *Chinese Science* 13: 35-54, 1996.

9 バビロニア数字で書かれた23。こうした形が粘土板に刻印された。

10 訳はL. E. Siglerの英訳 *Fibonacci's Liber Abaci* に基づいて作成した。「ゼフィルム（zephirum）」は、アラビア語の「シフル」をラテン語化したもの。

11 北イタリアに計算文化が根づいていく上で、フィボナッチが果たした役割については、Keith Devlin, *The Man of Numbers: Fibonacci's Arithmetic Revolution* を参照。

12　未知数を含む式を、解きやすい形、あるいはすでに解けることがわかっている形に持ち込むための手続きを考案すること、さらに、その手続きの正当性を幾何学的な手段によって証明することを目指す数学の一分野。代数を意味するラテン語の「algebra（アルゲブラ）」は、アラビア語の「アルジャブル」に由来する（『数学する身体』p.64 参照）。

13　詳しくは、『数学する身体』（第二章、Ⅱ記号の発見）を参照。

14　訳は『数学記号の誕生』p.13より。

15　R. E. Núñez, No Innate Number Line in the Human Brain, *Journal of Cross-Cultural Psychology*, 42 (4), 651-668.

16　ただし、ここで現代的な記法を用いたが、カルダーノの時代にはまだ「=」や平方根を意味する「√」などの記号はなかった。

17　現代的な記法を用いて書くと、三次方程式は一般に、

$x^3 = px + q$（p、qは定数）

の形に帰着させられる。「カルダーノの公式」とも呼ばれる三次方程式の解の公式によれば、このような方程式の解は、

$$x = \sqrt[3]{\frac{q}{2} + \sqrt{\frac{q^2}{4} - \frac{p^3}{27}}} + \sqrt[3]{\frac{q}{2} - \sqrt{\frac{q^2}{4} - \frac{p^3}{27}}}$$

と計算できる。ただし、$\frac{q^2}{4} < \frac{p^3}{27}$ となる場合は平方根の中が負になり、虚数が出てくることになるため、この場合についてはカルダーノは公式適用の範囲外とした。

18　複素数のたし算もまた、複素数を複素平面上のベクトルとしてみたときのベクトルの和として理解することができる。

第二章　ユークリッド、デカルト、リーマン

1　Jeremy Avigad, The Mechanization of Mathematics, *Notices of the AMS* JUNE/JULY, 2018. 筆者訳。

2　作図によって得られる二つの領域の面積が等しくなることを証明する命題。代数的には、$(a+b)(a-b)+b^2=a^2$という展開式に対応すると解釈できる関係が証明される。

3　この定理の証明については、林栄治・斎藤憲『天秤の魔術師　アルキメデスの数学』第六章を参照。

4　『方法』命題一の証明の後に、アルキメデスによる以下の説明が続く。「以上の定理は、ここまで述べてきたことでは、（幾何学的に）証明されたわけではない。それは、結論が正しいことを示していると言えるだけのものである」（『アルキメデス方法』佐藤徹訳、東海大学出版会）。

5　クラヴィウスがイエズス会における数学の地位向上に果たした役割については、Amir Alexandar, *Infinitesimal: How a Dangerous Mathematical Theory Shaped the Modern World*（『無限小　世界を変えた数学の危険思想』足立恒雄訳）の第二章に詳しい描写がある。

6　訳は『方法序説』（山田弘明訳、ちくま学芸文庫）より。

7　Henk J. M. Bos, *Redefining Geometrical Exactness*, p.24

8　Ibid., p.97

9　二組の直線群が与えられたとき、平面上の点Cで、最初の組の直線からCへの距離の積が、第二の組の直線からの距離の積に等しいような点Cが描く軌跡を求める問題（厳密には、パッポスの設定では、与えられた角度で点Cから直線に伸ばした線の長さを考えているので「距離」よりも一般的な条件ではあるが、問題の本質は距離だけを考えた場合でも変わらない）。これはもともと、四世紀前半に活躍した数学者パッポスの著作『数学集成』で取り上げられていた問題だが、デカルトが『幾何学』でこの問題を扱って以後、「パッポスの問題」として知られるようになった。なお、「パッポス」はギリシア語読み。ラテン語読みは「パップス」。

10　斎藤憲「数学史におけるパラダイム・チェンジ」（『現代思想』二〇〇〇年十月臨時増刊号）

11　リーマンは「絵」や「図」を意味する「Abbildung」という言葉を、「写像」を意味する数学用語として一八五一年の論文で用いた。『リーマンの数学と思想』で著者の加藤文元は、「この論文が「Abbildung」という言葉を現代的な「写像」に近い意味で用いた最初のものと言えるかもしれない」と指摘している。

12　たとえば、複素数iに対して、「二乗するとiになる複素数」は二つ存在する（$\frac{1+i}{\sqrt{2}}$と$\frac{-1-i}{\sqrt{2}}$）。この場合、どちらか一方だけを選ぶいい方法はない。実関数の場合と違い、複素関数を考える上では関数の多価性が根本的な問題になるのだ。深谷賢治「リーマンのイデー」（『現代思想』二〇一六年三月臨時増刊号）には、複素関数の多価性の問題からリーマン面の導入までのコンパクトで明快な説明がある。単に答えを出したり、計算法を見つけたりするよりも、数学的な事実が成り立つ「背景とからくり」を明瞭にしていくリーマンの数学と思考法についての鮮やかな解説なので、読者にも一読をおすすめしたい。

13　訳は、『リーマン論文集』（足立恒雄・杉浦光夫・長岡亮介編訳、朝倉書店）より。

14　Hermann Weyl, *Mind and Nature: Selected Writings on Philosophy*, p.166

15　José Ferreirós, *Labyrinth of Thought*, p.54

16　Detlef Laugwitz, *Bernhard Riemann 1826-1866*, p.34

17　リーマンの「Mannigfaltigkeit」は、現代の「集合」概念が確立する前に構想されていたものである。そのため、集合概念を前提として定義される現代の「多様体」概念とは区別されなければならない。たとえば、八杉滿利子と林晋は、リーマンのMannigfaltigkeitを「多様」と訳して、両者の区別を強調している（「リーマンとデデキント」『現代思想』二〇一六年三月臨時増刊号）。本書では、リーマンの「Mannigfaltigkeit」についても、「多様体」と訳すが、本書で論じるのがあくまで、集合論の成立以前にリーマンが構想した「多様体」の概念であることを、念のためここに補足しておく。

18　*Bernhard Riemann 1826-1866*, p.19

19　こうした彼の数学観は、哲学者ヨハン・フリードリヒ・ヘルバルトの強い影響のもとに形成された。詳しくは、Erhard Scholz, Herbart's Influence on

Bernhard Riemann, *Historia Mathematica* 9: 413-440, 1982.

20 ここで「規定法」と訳されている「Begstimmungsweisen」については、論文の英訳では specialization や determination などと訳されている例があり、八杉滿利子と林晋はこれを「特定されたもの」と翻訳している（「リーマンとデデキント」『現代思想』二〇一六年三月臨時増刊号）。

21 『クライン　19世紀の数学』（共立出版）p.254

22 デデキントが著したリーマンの伝記「ベルンハルト・リーマンの生涯」は、『リーマン論文集』の巻末に付録として収録されている。

第三章　数がつくった言語

1　イアン・ハッキング『数学はなぜ哲学の問題になるのか』金子洋之・大西琢朗訳

2　近藤洋逸『新幾何学思想史』p.100

3　オイラーが発見した公式は数多いが、なかでも「オイラーの公式」として最もよく知られているのが、公式「$e^{i\theta}=\cos\theta+i\sin\theta$」だ。特に、この公式に$\theta=\pi$を代入すると、$e^{i\pi}=-1$という関係が導き出される。

4　野本和幸「G・フレーゲの論理・数学・言語の哲学」人文科学研究：キリスト教と文化（48），55-101，2016-12

5　厳密に言うと、フレーゲの「分析」と「総合」の区別は、カントのそれとは異なっていた。カントが、主語―述語の構造を持つ命題の内容に基づいて、分析と総合の区別を設定していたのに対して、フレーゲは、特定の判断を正当化するために、論理的な法則と定義のみで十分かどうかという点を、分析性と総合性を分ける基準と考えた。

6　「算術的真理はアプリオリかアポステリオリか、総合的か分析的かという問いが、ここでその回答を待っている。なぜなら、これらの概念自体は哲学に属するにしても、私はやはり、数学の助力がなければその決定を下せないと信じるからである」（『算術の基礎』第三節）

7　この主張は、後に「論理主義のテーゼ」と呼ばれるようになる。

8　P. T. Geach, *Logic Matters* のなかで、こうした間違った推論の実例がいくつも紹介されている。ここで挙げた例は、Geach の著書から引用する形で、飯田隆『言語哲学大全I』のなかで紹介されている。

9　実際には a や b は何でもいいわけではなく、この場合は「長さ」を表す実数を考えているので、実数全体の集合を表す記号 R を用いて、単に「$\forall a$」や「$\exists b$」と書く代わりに、「$\forall a \in R$」「$\exists b \in R$」などとすることで、「どの実数 a についても」あるいは「ある実数 b について」といった内容を表現することができる。

10　飯田隆「論理の言語と言語の論理」（『精神史における言語の創造力と多様性』慶應義塾大学言語文化研究所、二〇〇八）は、フレーゲの「概念記法」を「言語」と呼んでいいかどうかという問題を考察している。飯田は、概念記法が、既存の言語に付加される単なる記号法の体系でもなければ、既存の言語表現を新たな表現に転記するだけの方法でもなく、数学の証明全体を表現するための記号体系であるという意味で、これが「言語」と呼ばれる資格がある、と論じている。

11　この例はフレーゲの講演「関数と概念」（一八九一）から。

12　『算術の基本法則』第一節

13　『算術の基礎』第八八節

14　「ブールの論理計算と概念記法」（『フレーゲ著作集1　概念記法』に収録）

15　十九世紀後半には、エスペラントなど、国際的なコミュニケーションを容易にするための言語が複数考案された。だが、こうした言語の場合、文法が完全に明示されたわけではなかった。この意味で、フレーゲの言語こそは、「語彙と文法と意味とが明示的に指定された最初の言語である」と、飯田隆は「論理の言語と言語の論理」のなかで強調している。

16　ただし、『算術の基礎』では数の定義をめぐって、途中で大きな方針転換がなされる。当初、文脈原理に沿って、数の明示的な定義を避けていたように見えるフレーゲが、にわかに数を明示的に定義する方針へと切り替えていくのだ。文脈原理はこれ以降、表だっては出現しなくなる。一九七〇年代以降のフレーゲ再評価の道を開いた哲学者ダメットは、こうした事実を踏まえた上で、それでもなおフレーゲ哲学における文脈原理の重要性を強調している（ダメットのフレーゲ解釈については、金子洋之『ダメットにたどりつくまで』の解説が読みやすい）。いずれにしても、フレーゲの探究が、数の意味についての徹底した考察を経て、言語の問題へと導かれていったことは間違いない。ここに、その後の哲学における「言語の時代」の源泉の一つを見ることができる。

17　概念「自分自身に属さない」の外延が存在すると仮定し、これを*R*と呼ぶことにする。このとき、*R*自身もまた、*R*に属するか、属さないかのいずれかであるはずだが、*R*が*R*に属するという仮定からは、*R*が*R*に属さないという結論が導かれ、*R*に*R*が属さないという仮定からは、*R*が*R*に属するという結論が導かれる。ラッセルはこの矛盾に一九〇一年の時点で気づき、翌一九〇二年にこれをフレーゲに報告し、フレーゲはすぐにこの発見の重大さを理解した。

18　『フレーゲ著作集6　書簡集・付「日記」』p.330

第四章　計算する生命

1　ウィトゲンシュタイン『哲学探究』鬼界彰夫訳

2　Howard Gardner, *The Mind's New Science*, p.9

3　G・E・M・アンスコム、P・T・ギーチ『哲学の三人　アリストテレス・トマス・フレーゲ』p.242

4　以下、フレーゲとウィトゲンシュタインの書簡の訳文は『フレーゲ著作集6　書簡集・付「日記」』より。

5　以下、『論考』の訳文は『論理哲学論考』（野矢茂樹訳、岩波文庫）より。

6　『フレーゲ著作集6　書簡集・付「日記」』p.264

7　このほか、ウィトゲンシュタインの生前の著作としては、『小学生のための正書法辞典』（丘沢静也・荻原耕平訳、講談社学術文庫）がある。

8　この「論戦」については、水本正晴『ウィトゲンシュタインvs.チューリング』に詳しい解説がある。

9　『ウィトゲンシュタイン全集・補巻1　心理学の哲学1』p.385

10 Marvin Minsky, *Computation: Finite and Infinite Machines*, Prentice Hall, Englewood Cliffs, N. J., 1967, p.2

11 Gina Kolata, How Can Computers Get Common Sense?, *Science*, Vol.217, No.24, September 1982, p.1237

12 Rodney Brooks, *Flesh and Machines: How Robots Will Change Us*, p.36

13 Evan Thompson, *Mind in Life* で著者は、認知科学への主要なアプローチとして、認知主義（cognitivism）、コネクショニズム（connectionism）、身体化された力学系主義（embodied dynamicism）の三つに整理して解説している。本書の以下の記述も、この整理をベースにしている。

14 「半導体素子に集積されるトランジスタ数は、十八〜二十四ヶ月で倍増する」という経験則に基づく将来予測。もともとは、米インテル社の創業者の一人であるゴードン・ムーアが一九六五年に提唱した（このときは「一年で倍増」と見積もっていた）アイディアに由来する。

15 https://rodneybrooks.com/forai-domo-arigato-mr-roboto/

16 分析と総合の伝統的な区別はアレキサンドリアのパッポスに由来する。この区別によると、与えられた問題が解決されたと仮定して、そこから原理まで遡っていくのが分析的方法であり、逆に、原理から出発して結論まで論証的に展開していくのが総合的方法である。この対概念は、異なる文脈で新たな意味を帯びながら、中世から近代へと継承されていった。その変異の過程については、たとえば古田裕清『西洋哲学の基本概念と和語の世界』（第四章）を参照。

17 ピーター・ペジック『近代科学の形成と音楽』

終章　計算と生命の雑種

1 Timothy Morton's Lecture "Geotrauma" http://ga.geidai.ac.jp/en/2020/11/30/geotrauma/

2 Neil M. Ferguson, Daniel Laydon, Gemma Nedjati-Gilani, Natsuko Imai, Kylie Ainslie, Marc Baguelin, et al., Report 9: Impact of non-pharma-

ceutical interventions (NPIs) to reduce COVID-19 mortality and healthcare demand, *Imperial College COVID-19 Response Team.*

3 「『災害』の環境史：科学技術社会とコロナ禍」（第1回）https://www.youtube.com/watch?v=QYZ03nSClD0

4 L. F. Richardson, *Weather Prediction by Numerical Process,* Cambridge University Press, London（1922）

5 河宮未知生『シミュレート・ジ・アース』p.23

6 Will Steffen, Wendy Broadgate, Lisa Deutsch, Owen Gaffney and Cornelia Ludwig, The Trajectory of the Anthropocene: The Great Acceleration, *The Anthropocene Review*, 1-18, 2015.

7 J. R. McNeill & Peter Engelke, *The Great Acceleration: An Environmental History of the Anthropocene since 1945*, Belknap Press: An Imprint of Harvard University Press（2016）

8 Yinon M. Bar-On, Rob Phillips, and Ron Milo, The biomass distribution on Earth, *Proceedings of the National Academy of Sciences of the United States of America*, 115（25）.

9 Richard E. Zeebe, Andy Ridgwell, James C. Zachos, Anthropogenic carbon release rate unprecedented during the past 66 million years, *Nature Geoscience*, 2016.

10 国連のＩＰＣＣ（気候変動に関する政府間パネル）の第五次評価報告書（二〇一四）に提示された最も気温上昇が高いシナリオでは、産業革命前に比べて地球平均気温は四度前後上昇するとされている。現在の温室効果ガスの排出量は、気温上昇が最も高いこのシナリオに一致している。

11 機械と生命の本質的な差を「他律」と「自律」の違いに見る視点は、この後で見る通り、生物学者ウンベルト・マトゥラーナと彼の弟子で、生物学者・認知科学者であったフランシスコ・ヴァレラの研究に由来する。情報学研究者のドミニク・チェンは著書『未来をつくる言葉』（新潮社）のなかで、これを人工知能が目指す「自動化」と、人工生命が目指す「自律化」の違いとして論じている。

12　このように、「自己（auto）」を拠り所としながら、みずからを「作る（poiesis）」システムの一般論として、マトゥラーナは教え子のヴァレラとともに「オートポイエーシス（autopoiesis）」の理論を構築し、これによって生命を理解する新たな見方を開いた。オートポイエティック・システムは、自律性のほかに、個体性、境界の自己決定、入出力の不在、という特徴を持つ。「自律性」という言葉そのものは様々な文脈で異なる意味で使われているが、河島茂生編『AI時代の「自律性」』は、こうした混乱を整理しようとする試みである。そのなかで、オートポイエーシスの帰結として生物に備わっている自律性は「ラディカル・オートノミー」と名付けられている。「人間の介入なしに自動的に計算・動作できる度合い」を指す概念として、より弱い意味で「自律性」が使われることもあるが、本章で考察しているのはあくまで、前者の強い意味での自律性である。

13　"Our risk is not the advent of superintelligent computers, but of subintelligent human beings." (Hubert L. Dreyfus, *What Computers Still Can't Do: A Critique of Artificial Reason*)

14　Timothy Morton, *Hyperobjects*, pp.134-135. 筆者訳。

15　邦訳は、『あなたを支配し、社会を破壊する、AI・ビッグデータの罠』久保尚子訳、インターシフト（二〇一八）。

16　講演は東京藝術大学国際芸術創造研究科の主催で、二〇二〇年十一月二十一日に開催された。

参考文献

Amir Alexander, *Infinitesimal: How a Dangerous Mathematical Theory Shaped the Modern World*, Scientific American, 2014.（邦訳版『無限小　世界を変えた数学の危険思想』足立恒雄訳、岩波書店、2015）

Denise Schmandt-Besserat, *How Writing Came About*, University of Texas Press, 1997.

Henk J. M. Bos, *Redefining Geometrical Exactness: Descartes' Transformation of the Early Modern Concept of Construction*, Springer-Verlag, 2001.

Umberto Bottazzini, *The Higher Calculus: A History of Real and Complex Analysis from Euler to Weierstrass*, Springer-Verlag, 1986.

Rodney Brooks, *Flesh and Machines: How Robots Will Change Us*, Vintage Books, 2003.

Girolamo Cardano, *ARS MAGNA or The Rules of Algebra*, Translated by T. Richard Witmer, Dover Publications, 1968.

Stephen Chrisomalis, *Numerical Notation: A Comparative History*, Cambridge University Press, 2010.

Andy Clark, *Mindware: An Introduction to the Philosophy of Cognitive Science*, Oxford University Press, 2001.

Stanislas Dehaene, *How We Learn: Why Brains Learn Better Than Any Machine ... for Now*, Viking, 2020.（邦訳版『脳はこうして学ぶ　学習の神経科学と教育の未来』松浦俊輔訳、森北出版、2021）

Keith Devlin, *The Man of Numbers: Fibonacci's Arithmetic Revolution*, Bloomsbury, 2011.

Hubert L. Dreyfus, *What Computers Still Can't Do: A Critique of Artificial Reason*, The MIT Press, 1992.

José Ferreirós, *Labyrinth of Thought: A History of Set Theory and Its Role in Modern Mathematics*, Second Revised Edition Birkhäuser, 2007.

Howard Gardner, *The Mind's New Science: A History of the Cognitive Revolution*, Basic Books, 1985.

P. T. Geach, *Logic Matters*, University of California Press, 1972.

Madeline Gins and Arakawa, *Architectural Body*, The University of Alabama Press, 2002.

Ian Hacking, *Why Is There Philosophy of Mathematics At All?*, Cambridge University Press, 2014.（邦訳版『数学はなぜ哲学の問題になるのか』金子洋之・大西琢朗訳、森北出版、2017）

Detlef Laugwitz, *Bernhard Riemann 1826-1866:*

Turning Points in the Conception of Mathematics, Translated by Abe Shenitzer, Birkhäuser, 1999.

Danielle Macbeth, *Realizing Reason: A Narrative of Truth & Knowing*, Oxford University Press, 2014.

Gary Marcus and Ernest Davis, *Rebooting AI: Building Artificial Intelligence We Can Trust*, Pantheon 2019.

Humberto R. Maturana and Francisco J. Varela, *Autopoiesis and Cognition: The Realization of the Living*, D. Reidel, 1980.

Timothy Morton, *Hyperobjects: Philosophy and Ecology after the End of the World*, University of Minnesota Press, 2013.

Reviel Netz, *The Shaping of Deduction in Greek Mathematics: A Study in Cognitive History*, Cambridge University Press, 1999.

Catarina Dutilh Novaes, *Formal Languages in Logic: A Philosophical and Cognitive Analysis*, Cambridge University Press, 2012.

Cathy O'Neil, *Weapons of Math Destruction: How Big Data Increases Inequality and Threatens Democracy*, Penguin Books, 2016.（邦訳版『あなたを支配し、社会を破壊する、AI・ビッグデータの罠』久保尚子訳、インターシフト、2018）

L. E. Sigler, *Fibonacci's Liber Abaci: Leonardo Pisano's Book of Calculation*, Springer, 2002.

Evan Thompson, *Mind in Life,: Biology, Phenomenology, and the Sciences of Mind*, Harvard University Press, 2007.

Hermann Weyl, *Mind and Nature: Selected Writings on Philosophy*, Princeton University Press, 2009.

G・E・M・アンスコム、P・T・ギーチ『哲学の三人　アリストテレス・トマス・フレーゲ』勁草書房（1992）

荒畑靖宏『世界を満たす論理　フレーゲの形而上学と方法』勁草書房（2019）

アルキメデス『アルキメデス方法』佐藤徹訳・解説、東海大学出版会（1990）

飯田隆『ウィトゲンシュタイン　言語の限界』講談社（2005）／『言語哲学大全Ⅰ　論理と言語』勁草書房（1987）

伊藤邦武『物語　哲学の歴史　自分と世界を考えるために』中公新書（2012）

L・ウィトゲンシュタイン『ウィトゲンシュタイン全集・補巻1　心理学の哲学1』大修館書店（1985）／『哲学探究』鬼界彰夫訳、講談社（2020）／『論理哲学論考』野矢茂樹訳、岩波文庫（2003）

岡本久、長岡亮介『関数とは何か　近代数学史からのアプローチ』近代科学社（2014）

加藤文元『リーマンの生きる数学4　リーマンの数学と思想』共立出版（2017）

金子洋之『ダメットにたどりつくまで　反実在論とは何か』勁草書房（2006）

河島茂生編著『AI時代の「自律性」　未来の礎となる概念を再構築する』勁草書房（2019）

河宮未知生『シミュレート・ジ・アース　未来を予測する地球科学』ベレ出版（2018）

I・カント『純粋理性批判　上下』石川文康訳、筑摩書房（2014）

F・クライン『クライン　19世紀の数学』彌永昌吉監修、足立恒雄・浪川幸彦監訳、石井省吾・渡辺弘訳、共立出版（1995）

小林登志子『シュメル　人類最古の文明』中公新書（2005）

近藤洋逸『新幾何学思想史』ちくま学芸文庫（2008）

佐々木力『デカルトの数学思想』東京大学出版会（2003）

高木貞治『近世数学史談』岩波文庫（1995）

R・デカルト『方法序説』山田弘明訳、ちくま学芸文庫（2010）／『幾何学』原亨吉訳、ちくま学芸文庫（2013）／『精神指導の規則』野田又夫訳、岩波文庫（1950）

S・トゥールミン、A・ジャニク『ウィトゲンシュタインのウィーン』藤村龍雄訳、平凡社ライブラリー（2001）

H・L・ドレイファス『コンピュータには何ができないか　哲学的人工知能批判』黒崎政男・村若修訳、産業図書（1992）

R・ネッツ、ウィリアム・ノエル『解読！　アルキメデス写本　羊皮紙から甦った天才数学者』吉田晋治監訳、光文社（2008）

野本和幸『フレーゲ入門　生涯と哲学の形成』勁草書房（2003）

林栄治・斎藤憲『天秤の魔術師　アルキメデスの数学』共立出版（2009）

J・ヒース『ルールに従う　社会科学の規範理論序説』瀧澤弘和訳、NTT出版（2013）

古田徹也『ウィトゲンシュタイン　論理哲学論考』角川選書（2019）

古田裕清『西洋哲学の基本概念と和語の世界　法律と科学の背後にある人間観と自然観』中央経済社（2020）

G・フレーゲ『フレーゲ著作集1　概念記法』藤村龍雄編、勁草書房（1999）／『フレーゲ著作集2　算術の基礎』野本和幸・土屋俊編、勁草書房（2001）／『フレーゲ著作集3　算術の基本法則』野本和幸編、勁草書房（2000）／『フレーゲ著作集4　哲学論集』黒田亘・野本和幸編、勁草書房（1999）／『フレーゲ著作集5　数学論集』野本和幸・飯田隆編、勁草書房（2001）／『フレーゲ著作集6　書簡集・付「日記」』野本和幸編、勁草書房（2002）

P・ペジック『近代科学の形成と音楽』竹田円訳、NTT出版（2016）

水本正晴『ウィトゲンシュタインvs.チューリング　計算、AI、ロボットの哲学』勁草書房（2012）

J・メイザー『数学記号の誕生』松浦俊輔訳、河出書房新社（2014）

B・リーマン『数学史叢書　リーマン論文集』足立恒雄・杉浦光夫・長岡亮介編訳、朝倉書店（2004）

森田真生
1985（昭和60）年東京都生れ。独立研究者。京都に拠点を構えて研究・執筆のかたわら、国内外で「数学の演奏会」「数学ブックトーク」などのライブ活動を行っている。2015（平成27）年、初の著書『数学する身体』で、小林秀雄賞を最年少で受賞。他の著書に『数学の贈り物』、絵本『アリになった数学者』、編著に岡潔著『数学する人生』がある。
公式ウェブサイト
http://choreographlife.jp/

計算する生命

2021年4月15日　発行
2023年6月5日　5刷

著者　森田真生
装幀　菊地信義＋新潮社装幀室

発行者　佐藤隆信
発行所　株式会社新潮社
〒162-8711　東京都新宿区矢来町71
電話（編集部）03-3266-5611（読者係）03-3266-5111
https://www.shinchosha.co.jp
印刷所　大日本印刷株式会社
製本所　大口製本印刷株式会社

ISBN978-4-10-339652-9 C0095
価格はカバーに表示してあります。